浙江省"十一五"重点教材建设项目

集成电路芯片测试

主　编　王　芳　徐　振

副主编　曹昕鸶　陈　沉

　　　　梅鲁海　彭　勇

ZHEJIANG UNIVERSITY PRESS
浙江大学出版社

图书在版编目（CIP）数据

集成电路芯片测试 / 王芳，徐振主编. —杭州：
浙江大学出版社，2014.3（2021.7 重印）
ISBN 978-7-308-12976-3

Ⅰ.①集… Ⅱ.①王… ②徐… Ⅲ.①集成电路一芯
片一测试 Ⅳ.①TN407

中国版本图书馆 CIP 数据核字（2014）第 043599 号

内容简介

本书主要从集成电路测试从业人员所需的职业道德、C 语言、自动分选机、测试机系统及应用以及常用的仪器元件、常见产品测试实例等几个方面着手，比较系统地阐述了成品测试的重要组成步骤，为微电子专业学生进行集成电路测试岗位培训提供必要的知识。

本书可作为高职高专相关专业学生的实验课教材，也可作为相关企业岗位培训用书。

集成电路芯片测试

主　编　王　芳　徐　振

责任编辑　王　波
封面设计　十木米
出版发行　浙江大学出版社
　　　　　（杭州市天目山路 148 号　邮政编码 310007）
　　　　　（网址：http://www.zjupress.com）
排　　版　杭州青翊图文设计有限公司
印　　刷　嘉兴华源印刷厂
开　　本　787mm×1092mm　1/16
印　　张　12
字　　数　292 千
版 印 次　2014 年 3 月第 1 版　2021 年 7 月第 5 次印刷
书　　号　ISBN 978-7-308-12976-3
定　　价　35.00 元

前　言

集成电路(IC)产业已成为现代制造业的重要组成部分,推动着国民经济的发展。随着科技进步和技术创新,IC产业链的创新性和重要性逐年提升。

集成电路产业链分为电路设计、芯片制造、封装及测试四个环节。集成电路封装是指将通过测试的晶圆加工成独立芯片,使电路芯片免受周围环境的影响(包括物理、化学的影响),起着保护芯片、增强导热(散热)性能、实现电气和物理连接、功率分配、信号分配,以沟通芯片内部与外部电路的作用。在我国,早期的IC测试只是作为IC生产中的一个工序存在,测试产业的概念尚未形成。随着人们对集成电路品质的重视,集成电路测试业正成为集成电路产业中一个不可或缺的独立行业。IC测试业是集成电路产业的重要一环。设计、制造、封装、测试四业并举,是国际集成电路产业发展的主流趋势。封测行业所占的细分市场在不断扩大,从业人数不断增加。"集成电路封装与测试"属于发展中的技术复合型和经验积累型职业,具有高科技的特征。集成电路封装测试人员需要运用各种设备,完成中、大规模数字电路的封装测试,以及模拟电路、数模混合电路的封装测试。相对IC设计和芯片制造业而言,封装测试行业具有投入资金较少、建设快的优势。

培养高素质的集成电路测试业人才,将为我国集成电路产业发展提供重要支撑。目前,全球集成电路产业向中国转移,特别是进入系统级芯片(SOC)时代以后,独立的IC测试业将面临巨大的机遇和挑战。只有不断提高IC测试业的水平和技术,不断提升集成电路测试人员的综合素质,才能迎接全球集成电路的产业转移。

结合集成电路行业应用型人才培养的实际需要,我们编写了本书。本书主要从职业道德、C语言、封装概述、自动分选机、测试机系统及应用以及常用的仪器元件等几个方面着手,比较系统地阐述了成品测试的重要组成步骤,介绍集成电路封装测试岗位培训的必修知识。本书的编写是应用电子技术及相关专业深化教学改革、适应微电子行业发展的有益尝试。

本书在编写过程中得到了杭州朗讯科技(LUNTEK)有限公司、杭州士兰微电子(SILAN)有限公司的大力支持,在公司多位资深技术工程师的配合下完成了本书的编撰工作。囿于编者水平,书中必有许多疏漏之处,恳请师生在使用过程中提出意见,以便改进。

作　者
2014年3月

目　录

管理篇

第1章 员工行为规范

1.1 道德规范及礼仪

"员工职业行为规范"旨在提供给员工职业行为的准则,使其不断提高自我、完善自我,真正展现优秀的职业风采。

1.1.1 道德规范

1.积极倡导"诚信、忍耐、探索、热情"的企业精神;

2.认真负责地做好本职工作;

3.积极进取,勇于承担责任;

4.具备良好的客户服务意识;

5.公正廉洁;

6.顾全大局,团结协作;

7.遵守公司保密制度;

8.养成良好的卫生习惯;

9.爱护公司财产,珍惜企业资源;

10.自觉维护公司有序的环境;

11.自觉遵守公司的各项规章制度,做到令行禁止。

1.1.2 仪容仪表

1.着装原则是端庄、大方、整洁、得体,便于工作;

2.上班时间,衣装应该保持整洁干净、朴实大方;

3.进入生产车间必须穿着指定工作服;

4.男女员工应始终保持端庄得体的妆容;

5.在特定的公众场合应着职业正装。

1.1.3　办公礼仪

1. 坚持文明办公基本原则，"六不四要"；
2. 严格遵守公司作息时间；
3. 遵守门卫制度；
4. 注意语言、举止的文明；
5. 按时参加会议和培训；
6. 严格遵守公司相关吸烟规定；
7. 保持工作场所整洁；
8. 做好文件资料清理归档及办公设备维护保养工作；
9. 认真执行公司的安全保卫规定；
10. 严格执行公司的人员出入规定。

1.1.4　外出礼仪

1. 外出时保持良好、得体的举止；
2. 具备时间观念，准时赴约；
3. 注意握手、名片递交等交往礼仪。

1.1.5　接待礼仪

1. 认真做好接待准备工作；
2. 热情周到地待客；
3. 有礼地送客。

1.1.6　用餐礼仪

一、工作用餐
1. 按时就餐；
2. 有序取餐；
3. 文明进餐。
二、外出进餐
1. 按时到达就餐地点；
2. 注意点菜礼仪；
3. 文明进餐。

1.1.7　语言规范

要求语音纯正,用词得当,语言规范,不说文明忌语。除特殊要求外,上班一律讲普通话。

一、接待文明用语

接待时,要态度热情、诚恳,正确应用文明用语。

二、交往文明用语

同事之间交往多用礼貌用语。应根据对象、年龄、职务等的不同,给予适当的称呼。

1.2　员工职务行为准则

1.2.1　工作职责

1.作为公司员工,应遵守公司纪律及各项规章制度,听从领导的工作安排,积极努力地完成任务;

2.保持自信和积极的态度,不说"我不知道",而要说"我会查找"或"我查找后回话给你";

3.深入思考所遇到的挑战并设想解决办法,而不要说"这个问题很麻烦",并期望别人来解决它;

4.乐于承担责任,而不说"这不是我的工作";

5.员工工作时间须佩戴胸卡;

6.员工在工作时间内应专心致志地工作,不得在工作时间做与工作无关的事;

7.公司内不允许发生无理取闹、打架斗殴、聚众闹事、赌博等干扰、影响正常工作秩序的行为。

1.2.2　考勤制度

1.公司执行上下班打卡制度,所有员工上下班均须亲自打卡,不得请他人代理打卡,未带考勤卡时需在保安处借用临时考勤卡并登记;

2.员工遇加班时,上下班也需打卡或登记;

3.员工应爱护考勤卡。

1.2.3　安全生产

1.每个员工都应严格遵守公司的安全生产操作规程,牢固树立"安全第一"的思想,确保人身和生产安全;

2. 严格按规定正确使用安全劳动防护用品，不可违章作业；

3. 员工不得私自携带易燃、易爆等危险品进入公司；

4. 在工作过程中，不论发生何种事故都应及时如实地向主管报告；

5. 未经批准，不可擅自拆除或移动安全设施、消防器材，不得占用防火间距、阻塞安全出口及疏散通道；

6. 凡员工犯有违反上述规定之一行为的，将按公司的劳动纪律和有关处罚规定执行。

1.2.4　兼职

一、员工未经公司书面同意，不得在外兼任工作。

二、禁止下列情形的兼职：

1. 在公司内从事外部的兼职工作，或者利用公司的工作时间和其他资源从事所兼任的工作；

2. 兼职于公司的业务关联单位或商业竞争对手；

3. 兼任的工作构成对本单位的商业竞争；

4. 兼职影响本职工作或有损公司形象。

1.2.5　保密义务

1. 员工有义务保守公司的商业秘密；

2. 员工务必妥善保管所持有的公司涉密文件、涉密物品，不擅自作授权外的使用；

3. 员工未经公司授权或批准，不得对外提供或披露或允许他人使用公司的涉密文件、物品，包括但不限于设计信息、经营信息等；

4. 员工不得打听他人的工资及收入。

1.2.6　公司财物的保护

1. 员工可领取一定量的办公用品，办公用品应妥善保管和使用；

2. 因工作需要，公司会发给员工日常使用的电脑和工具；员工应妥善保管、使用所发电脑和工具，保持清洁及完整，不得违反规定作不适当的用途；

3. 员工应避免使用已损坏或不完整的工具进行工作，人为造成的电脑或工具损坏必须按规定赔偿；

4. 员工如果要携带公司的工具、材料、仪表、设备等物品外出，须按有关规定办理手续；

5. 员工离职时，应交还所持有的公司一切财物，办理好有关物品和资料的交接手续。

第2章 质量与环境体系要求

2.1 5S 管理

5S管理始创于日本,它指的是在现场(办公室、车间、仓库等各工作地的统称)要进行相应的整理(Seiri)、整顿(Seiton)、清扫(Seiso)、清洁(Seiketsu)及个人的修身(Shitsuke)等活动。这五个方面日文汉字的罗马字拼音(如括号所注)都是以S为第一个字母,故将这五个方面的管理称为5S管理。5S管理从字面上看似很简单,但其内涵很丰富,而且不容易做好,持之以恒地做好就更难。

一、整理

1. 含义

将工作场所的任何物品区分为有必要与没有必要的,除了有必要的留下来以外,其他的都应清除或放置在别的地方。它是5S的第一步。

2. 目的

(1)腾出空间;

(2)防止误用。

3. 做法

首先对工作场所的物件(工具、材料、设备、仪器、资料、成品、在制品等)进行归类。通常分为以下几类:

(1)不再使用的;

(2)使用频率很低的;

(3)使用频率较低的;

(4)经常使用的。

第(1)类物品坚决处理掉;第(2)类和第(3)类转存到库房,因损坏暂时不能用的,先转修理部门修复后使用;第(4)类物品留工作现场。

二、整顿

1. 含义

把整理留下来的必要的物品定点定位放置,并放置整齐,必要时加以标识。它是提高效率的基础。

2.目的

使工作场所的物件有序化、规范化,工作场所一目了然,消除找寻物品的时间,创建整整齐齐的工作环境。

3.做法

(1)制订整顿规范,包括标识规范(位置、品名、数量、图例)、放置方式、形态规范(最大最小量、形状、大小)等;

(2)物品放置有序,布局合理,需要时能以最快的时间、最短的路径取得;

(3)配置数量合理化,不致使库存过多或不足;

(4)分门别类,型号、品名、加工阶段、半成品、成品、良品、不良品均不混杂,区别标识明显,排除寻找,排除差错,用后易还原。

实施时应遵循"三定、三要素"原则:

"三定"即定点、定量、定容器;

"三要素"即场所、方法、标识。

4.程序

(1)明确整顿对象→布局设计,确定放置点及放置方法→决定标识方法→准备道具(看板、标牌、色标、图例等)→制订整顿计划及分工实施方案→整顿实施→检查、认定、标准化。

(2)物品的定置定量,不但可以节省支出,也可以节省时间,更可以节省地方。

三、清扫

1.含义

打扫清洁,彻底去除垃圾、灰尘、污垢,将工作场所及工作用的设备清扫干净,保持工作场所干净、明亮。

2.目的

带给人们一个清洁、明亮、舒适的工作场所,使之心情愉快、思路清晰、保持良好的工作情绪,有利于稳定产品品质,工作效率也随之提高。

3.做法

经常进行彻底大扫除,不能光做一些表面文章,特别是要清理卫生死角。比如清扫从地面到墙板到天花板的所有物品;机器、工具彻底清理、润滑;杜绝污染源,如水管漏水、噪音;破损的物品修理。

四、清洁

1.含义

重复、彻底地进行整理、整顿、清扫,保持前3S的成果。

2.目的

使前3S的做法标准化,经常地保持工作场所的清洁。

3.做法

对各工作场所进行监督检查,使之制度化,制订各种检查表,张贴检查结果,对不符合要求的地方可贴标签,责令限期整改。

五、修身

1.含义

修身指个人的修养、人际关系、人的自觉性和积极性的发挥，人在工作中、生活中的遵章守法、文明礼貌。

2.目的

培养有好的习惯并遵守规则的员工，营造良好的团队精神，通过提升"人的品质"，使员工成为对任何工作都讲究认真的人。

3.做法

(1)礼貌友善对人，乐于助人，待人接物诚恳有礼貌，关心人，帮助人，尊重人；

(2)严于律己，做好个人卫生，遵守劳动纪律和规章制度，按规定着装，服装整洁大方；

(3)工作时应保持良好的工作状态；

(4)爱护公物，用完归位，在会议室、卫生间等公共场所，每个人都应自觉保持环境整洁，珍惜他人的劳动；

(5)严格按照作业指导书操作，未履行规定的手续不得变更作业标准，发现生产或产品异常，按规定的程序联络和处理；

(6)自觉履行自身的工作职责，做好个人的 5S，保证所在场所的安全、卫生，不断使自身的工作高效率、高质量。

2.2　ISO 9001:2000 质量管理体系知识

2.2.1　贯彻实施 ISO 9000 族标准的重要意义

贯彻实施 ISO 9000 族标准的重要意义：

1.对于初具质量管理规范化基础的企业，可以促进其质量管理水平向国际水平靠拢，实现质量管理国际化。

2.对于尚不具备质量管理规范化基础的企业，可以为企业建立管理的基础和规范，将生产经营活动纳入规范化的轨道。

3.规范供需双方贸易行为，为我国企业参与国际贸易活动消除了非关税贸易壁垒(技术壁垒、障碍)。

4.它是质量管理发展的产物。

2.2.2　2000 版 9000 族标准的四个核心标准

2000 版 9000 族标准的四个核心标准如下：

1.ISO 9000:2000　质量管理体系——基础和术语

2.ISO 9001:2000　质量管理体系——要求

3.ISO 9004:2000　质量管理体系——业绩改进指南

4. ISO 19011:2002 质量和环境审核指南

2.2.3 ISO 9000:2000 术语介绍

一、质量

1. 定义

质量指对一组固有特性满足要求的程度。固有特性是在某事或某物中本来就有的,尤其是那种永久的特性。

2. 要求

要求指明示的、通常隐含的或必须履行的需求和期望。

3. 过程

过程指一组将输入转化为输出的相互关联或相互作用的活动(如图 2-1、图 2-2 所示)。

(1)过程包含输入、输出、活动三要素。

(2)一个过程的输入通常是其他过程的输出。

(3)对形成的过程是否合格不易或不能经济地进行验证的过程称为"特殊过程"。

PDCA模式

P——策划:做什么? 怎么做? 谁来做? 预期的结果(目标);

D——实施:实施过程;

C——检查:根据方针、目标和产品要求,对过程和产品进行
           监视和测量,并报告结果;

A——处置:采取措施,以持续改进过程业绩。

图 2-1 过程的 PDCA 模式

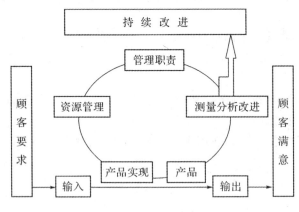

图 2-2 过程活动

4. 产品

产品是过程的结果。产品的形态有:

(1)服务(如运输);

(2)软件(如计算机程序);

(3)硬件;

(4)流程性材料(如润滑油),其具有连续的特性,状态可以是液体、气体、粒状、线状、块状或板状。

5.供方

(1)定义:提供产品的组织或个人。

(2)示例:制造商、批发商、服务或信息的提供方。

6.组织

组织指职责权限和相互关系得到安排的一组人员及设施。组织可以是公有的,也可以是私有的,包括公司、集团、企事业单位、研究机构、慈善机构、代理商、社团或上述组织的部分或组合。

7.顾客

顾客指接受产品的组织或个人。

8.顾客满意

顾客满意指顾客对其要求已被满足的程度的感受。

组织获取顾客满意信息的方法包括:

—设计顾客调查表;

—去顾客那里访问;

—开座谈会;

—委托中介组织;

—通过消费者协会或媒体反馈信息。

9.最高管理者

最高管理者指在最高层指挥和控制组织的一个人或一组人(领导班子)。

最高管理者的职责:

—制定质量方针;

—管理评审;

—制定质量目标;

—提供资源;

—向组织传达满足顾客和法律法规要求的重要性;

—任命管理者代表。

10.质量方针

质量方针指由组织的最高管理者正式发布的该组织总的质量宗旨和方向。质量方针应与组织的宗旨相一致。

11.质量目标

质量目标指在质量方面所追求的目的。质量目标通常依据质量方针而制定。

12.质量手册

质量手册是规定组织质量管理体系的文件。

13.程序

程序指为进行某项活动或过程所规定的途径。

(1)程序可以形成文件,也可以不形成文件。

(2)书面程序或文件化程序中通常包括活动的目的和范围;做什么和谁来做,何时、何地和如何做;应使用什么材料、设备和文件;如何对活动进行控制和记录。

　　(3)含有程序的文件可称为"程序文件"。

2.2.4　八项质量管理原则

　　原则一:以顾客为关注焦点,掌握理解顾客需求/期望 → 满足要求→超越期望。

　　原则二:领导作用。

　　原则三:全员参与。各级人员都是组织之本,只有他们的充分参与,才能使他们的才干为组织带来收益。

　　原则四:过程方法。

　　原则五:管理的系统方法。

　　原则六:持续改进——增强满足要求的能力的循环活动;

　　　　　　质量方针、质量目标——持续改进的方向;

　　　　　　市场、顾客的要求——持续改进的动力;

　　　　　　内审、管理评审、数据分析等活动——寻求改进机会;

　　　　　　纠正/预防措施——改进的方法;

　　　　　　改进的对象——包括 QMS、过程、产品(改进 QMS 的有效性、过程的能力、产品的质量)。

　　原则七:基于事实的决策方法。

　　原则八:互利的供方关系。

2.2.5　ISO 9001:2000 标准解析

一、理解要点

　　ISO 9001:2000 标准规定了 QMS(Quality Management System,质量管理体系)的基本要求。组织有需求时,可按标准的要求,结合组织自身特点和产品的特点建立、实施、改进 QMS。

　　二、需求

　　1.质量保证;

　　2.通过体系的有效应用,增强顾客满意。

　　三、文件要求

　　文件要求如图 2-3 所示。

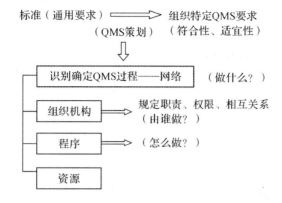

图 2-3　文件要求

四、条文解析

条文解析如图 2-4 所示。

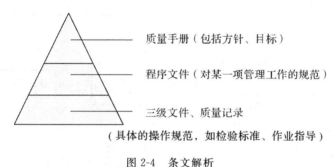

图 2-4　条文解析

ISO 9001:2000 要求的形成文件的程序：文件控制、记录控制、不合格品控制、内部审核、纠正措施和预防措施，如图 2-5 所示。

标准要求 $\Longrightarrow$ 组织特定要求 $\Longrightarrow$ 编制QMS文件

评审——符合性、适宜性、充分性

发布——批准（标识，如编号、版本号等）

使用者——获取（有效版本）

运用——指导工作、再评价（符合性、适宜性、充分性）

更改——识别、控制

外来文件——识别、收集、评审、发放

作废——处理

文件的特征：严肃性、唯一性、协调性

QMS现行有效版本清单

图 2-5　形成文件的程序

五、记录作用

1. 证据

证明 QMS、过程、产品的符合性、有效性。

2. 追溯

为持续改进提供信息。

六、控制要点

确保记录的清晰、真实、有效。

七、档案管理

收集、装订、编目、储存、保护、规定保存期限、作废记录处置。

八、应用

检索规定。

2.2.6 管理职责

管理职责如图 2-6 所示。

识别顾客群体，掌握顾客要求、法律法规要求
组织追求（市场定位、发展方向）
质量方针
质量目标（总目标、部门/层次目标）
策划、建立、保持QMS
管理评审
QMS、过程、产品、资源等改进决策

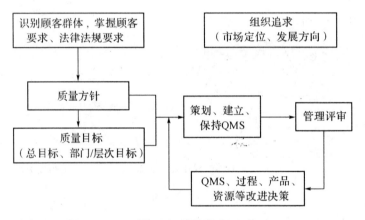

图 2-6 管理职责

一、管理评审条文解析

管理评审条文解析如图 2-7 所示。

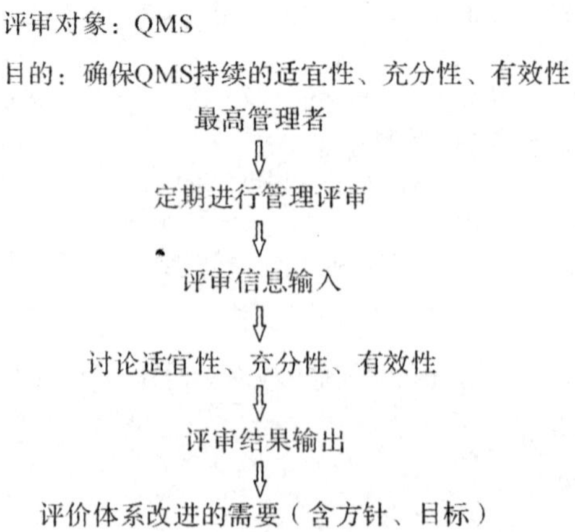

评审对象：QMS
目的：确保QMS持续的适宜性、充分性、有效性
最高管理者
定期进行管理评审
评审信息输入
讨论适宜性、充分性、有效性
评审结果输出
评价体系改进的需要（含方针、目标）

图 2-7 管理评审条文解析

二、资源管理

资源管理如图 2-8 所示。

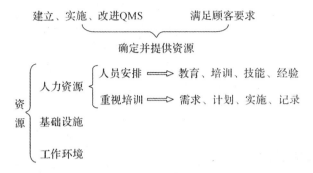

图 2-8 资源管理

1. 人力资源管理

人力资源管理如图 2-9 所示。

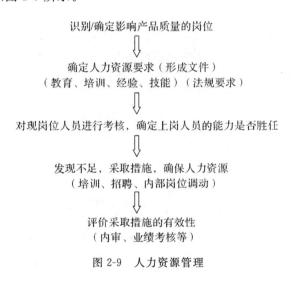

图 2-9 人力资源管理

2. 基础设施管理

（1）识别/确定要求

充分配置；维护、保养，保持设备的适宜性（如设备的一级、二级、三级保养等）。

（2）工作环境

对于贮存环境、生产环境、检验环境（如温湿度、氮气流量、洁净度等）确定特定的环境要求，如工艺要求、产品标准要求、法律法规要求等。

2.2.7 产品实现

产品实现如图 2-10 所示。

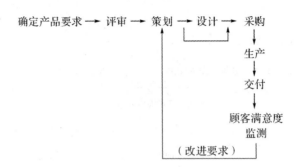

图 2-10　产品实现

一、与顾客有关的过程

与顾客有关的过程如图 2-11 所示。

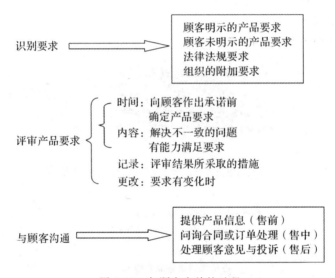

图 2-11　与顾客有关的过程

二、标识和可追溯性

必要时,进行产品标识(状态标识)。有可追溯的要求时,要控制记录产品的唯一性标识,如图 2-12 所示。

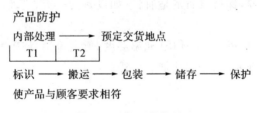

图 2-12　标识的作用

三、采购

采购信息如图 2-13 所示。

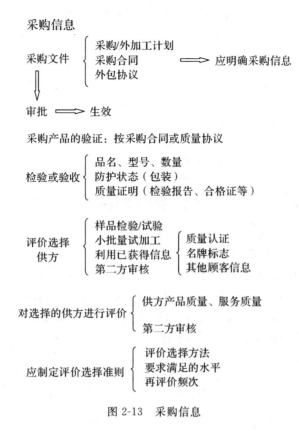

图 2-13   采购信息

2.2.8   测量、分析和改进

图 2-14 所示为测量、分析和改进的流程图。

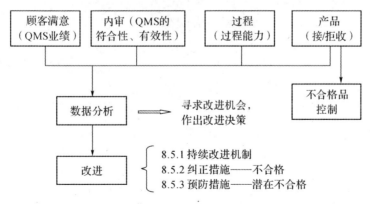

图 2-14   测量、分析和改进的流程图

一、过程的监视和测量

范围:QMS 所有过程。

依据:预定的过程目标。

监测内容:QMS 所有过程实现预期目标的能力(人、机、料、法、环)。

方法:内审、目标考核、统计技术等。

二、产品检验

被检验的产品包括采购产品、过程产品、最终产品。检验程序如图 2-15 所示。

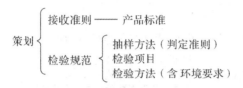

$$
策划\begin{cases} 接收准则 —— 产品标准 \\ 检验规范\begin{cases} 抽样方法(判定准则) \\ 检验项目 \\ 检验方法(含 环境要求) \end{cases} \end{cases}
$$

图 2-15　产品检验程序

对产品检验环节的说明:

(1)在产品检验环节对负责放行的检验人员授权。

(2)按策划要求监测产品特性并形成记录。记录必须有授权放行人员的签名。

(3)应对特殊放行的职责、程序作出规定。(除非得到授权人员的批准,适用时得到顾客批准,否则在所有策划安排均已圆满完成之前,不得放行产品和交付服务。)

(4)对不合格品进行控制(如图 2-16 所示)。

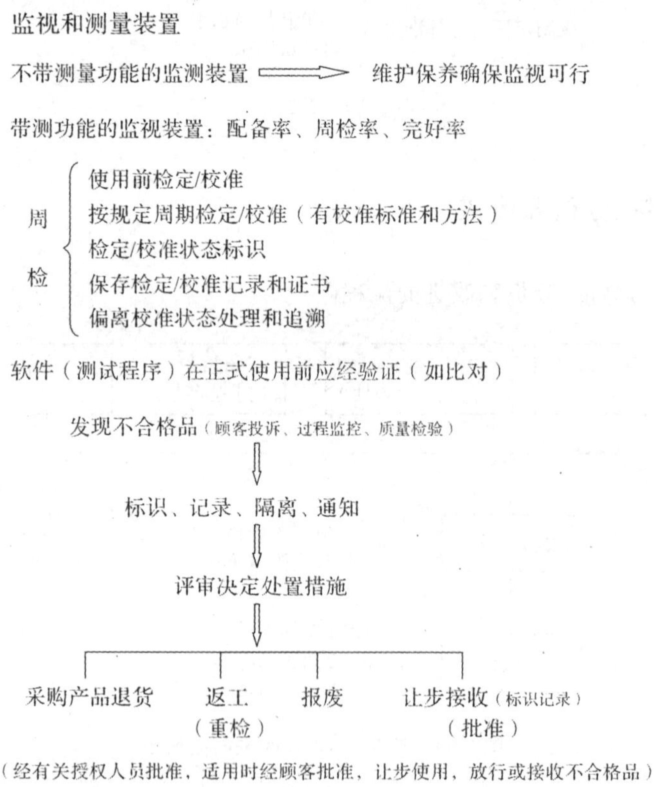

监视和测量装置

不带测量功能的监测装置 $\Longrightarrow$ 维护保养确保监视可行

带测功能的监视装置:配备率、周检率、完好率

$$
周检\begin{cases} 使用前检定/校准 \\ 按规定周期检定/校准(有校准标准和方法) \\ 检定/校准状态标识 \\ 保存检定/校准记录和证书 \\ 偏离校准状态处理和追溯 \end{cases}
$$

软件(测试程序)在正式使用前应经验证(如比对)

发现不合格品(顾客投诉、过程监控、质量检验)

⇩

标识、记录、隔离、通知

⇩

评审决定处置措施

⇩

采购产品退货　返工　报废　让步接收(标识记录)

(重检)　　　　　(批准)

(经有关授权人员批准,适用时经顾客批准,让步使用,放行或接收不合格品)

图 2-16　对不合格品进行控制

三、数据分析

数据分析程序如图 2-17 所示。

图 2-17　数据分析程序

四、改进

(1)纠正措施的目的:消除不合格的原因,防止不合格的情况再发生。

(2)预防措施的目的:消除不合格的原因,防止不合格的情况发生。

改进的程序如图 2-18 所示。

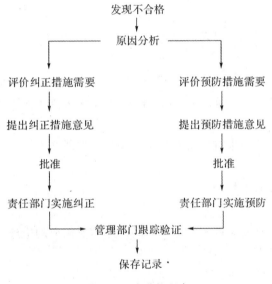

图 2-18　改进的程序

2.3　ISO 14001:2004 环境管理体系要求

2.3.1　ISO 14001:2004 环境管理体系的产生

ISO 14001:2004 环境管理体系是经过以下的过程而产生的:

1977 年德国"蓝色天使"计划;

1991 年国际商会(ICC)发布《可持续发展商务宪章》,提出环境管理 16 项原则;

1992 年英国 BSI 推出 BS7750《环境管理体系规定》;

1992 年联合国环发大会通过了环境管理纲要；

1993 年 ISO 成立 TC207 环境管理技术委员会；

1993 年欧共体颁布《环境管理审核准则》(EMAS)；

1996 年 ISO 14000 首批五个标准颁布；

2004 年 ISO 14001、14004 修订后颁布。

2.3.2　ISO 14001：2004 环境管理体系术语介绍

1. 文件

文件是信息及其承载媒体。(注：媒体可以是纸张，计算机磁盘、光盘或其他电子媒体，照片或标准样品，或它们的组合。)

2. 不符合

不符合指未满足要求。

3. 程序

程序指为进行某项活动或过程所规定的途径。(注：程序可以形成文件，也可以不形成文件。)

程序一般应具备以下 6 要素（5W 和 1H）：Who——由谁做；What——做什么；Where——在哪做；When——什么时候做；Why——为什么要做；How——如何做。

4. 记录

记录指阐明所取得的结果或提供所从事活动的证据的文件

5. 审核员

审核员指有能力实施审核的人员。

6. 纠正措施

纠正措施指为消除已发现的不符合(3.15)的原因所采取的措施。

7. 预防措施

预防措施指为消除潜在不符合(3.15)的原因所采取的措施。

8. 持续改进

持续改进指不断对环境管理体系(3.8)进行强化的过程，目的是根据组织(3.16)的环境方针(3.11)，实现对整体环境绩效(3.10)的改进。

9. 环境

环境指组织(3.16)运行活动的外部存在，包括空气、水、土地、自然资源、植物、动物、人，以及它们之间的相互关系。

10. 环境因素

环境因素指一个组织(3.16)的活动、产品或服务中能与环境(3.5)发生相互作用的要素。(注：重要环境因素是指具有或能够产生重大环境影响的环境因素。)

11. 环境影响

环境影响指全部或部分地由组织(3.16)的环境因素(3.6)给环境(3.5)造成的任何有害或有益的变化。

12. 环境管理体系

环境管理体系指组织(3.16)管理体系的一部分,用来制定和实施其环境方针(3.11),并管理其环境因素(3.6)。

13. 环境目标

环境目标指组织(3.16)依据其环境方针(3.11)规定的自己所要实现的总体环境目的。

14. 环境绩效

环境绩效指组织(3.16)对其环境因素(3.6)进行管理所取得的可测量结果。(注:在环境管理体系条件下,可对照组织(3.16)的环境方针(3.11)、环境目标(3.9)、环境指标(3.12)及其他环境表现要求对结果进行测量。)

15. 环境方针

环境方针指由最高管理者就组织(3.16)的环境绩效(3.10)所正式表述的总体意图和方向。

16. 相关方

相关方指关注组织(3.16)的环境绩效(3.10)或受其环境绩效影响的个人或团体。

17. 内部审核

内部审核指客观地获取审核证据并予以评价,以判定组织(3.16)对其设定的环境管理体系审核准则满足程度的系统的、独立的、形成文件的过程。

18. 组织

组织指具有自身职能和行政管理的公司、集团公司、商行、企事业单位、政府机构或社团,或是上述单位的部分或结合体,无论其是否有法人资格,公营或私营。(注:对于拥有一个以上运行单位的组织,可以把一个运行单位视为一个组织。)

2.3.3 环境管理体系要求

图 2-19 所示为环境管理体系运行过程图。

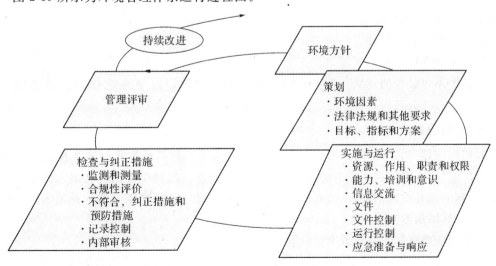

图 2-19 环境管理体系运行过程图

图 2-20 所示为 EMS PDCA 循环图。

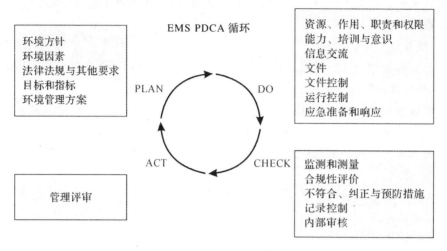

图 2-20　EMS PDCA 循环图

一、总要求

1. 组织应根据本标准的要求建立、实施、保持和持续改进环境管理体系,确定如何实现这些要求,并形成文件。

2. 组织应界定环境管理体系的范围,并形成文件。

二、环境方针

1. 由最高管理者制定。

2. 适合于性质、规模、活动的影响、产品、服务。

3. 对持续改进和污染预防的承诺。

4. 遵守环境法律、法规和其他要求的承诺。

5. 目标和指标框架。

6. 形成文件,付诸实施,予以保持。

7. 传达到全体员工和为公司工作的人员。

8. 可为公众所获取。

9. 两个不可缺少的承诺:遵守有关法律、法规和其他应遵守的要求;持续改进和污染预防。

三、环境因素

1. 组织应建立、实施并保持一个或多个程序,用来识别其环境管理体系覆盖范围内活动、产品和服务中能够控制或能够施加影响的环境因素。此时应考虑到已纳入计划的或新的开发、新的或修改的活动、产品和服务等因素,确定对环境具有或可能具有重大影响的因素(即重要环境因素)。

2. 组织应将这些信息形成文件并及时更新。

3. 组织应确保在建立、实施和保持环境管理体系时,对重要环境因素加以考虑。

4. 环境因素可分为水、气、声、渣等污染物排放或处置,能源、资源、原材料消耗,相关方的环境问题及要求,其他。

5.环境因素识别考虑的方面:

(1)三种状态——正常、异常和紧急状态。

(2)三种时态——过去、现在和将来。

(3)三种类型——大气排放、水体排放和土地排放。

(4)原材料与自然资源的使用。

(5)能源使用。

(6)能量释放(热、辐射、振动等)。

(7)废物管理。

(8)对社区的影响。

6.识别环境因素的方法:

(1)物料衡算。

(2)产品生命周期。

(3)问卷调查。

(4)现场观察(查看和面谈)。

(5)查阅文件和记录。

(6)专家咨询。

(7)工艺流程分析:

1)重大环境因素评价依据——环境影响的规模、环境影响的严重程度、发生的概率、环境影响的持续时间、环境法律法规。

2)法律法规和其他要求——组织应建立、实施并保持一个或多个程序,用来识别适用于其活动、产品和服务中环境因素的法律法规要求和其他应遵守的要求,并建立获取这些要求的渠道;确定这些要求如何应用于组织的环境因素。组织应确保在建立、实施和保持环境管理体系时,对这些适用的法律法规要求和其他要求加以考虑。

7.目标、指标和方案:

(1)组织应针对其内部有关职能和层次,建立、实施并保持形成文件的环境目标和指标。若可行,目标和指标应可测量。目标和指标应符合环境方针,包括对污染预防、持续改进和遵守适用的法律法规要求和其他要求的承诺。

(2)组织在建立和评审环境目标时,应考虑法律法规要求和其他要求,以及它自身的重要环境因素。此外,还应考虑可选的技术方案,财务、运行和经营要求,以及相关方的观点。

(3)组织应制定、实施并保持一个或多个旨在实现环境目标和指标的方案,其中应包括:

1)规定组织内各有关职能和层次实现目标和指标的职责。

2)实现目标和指标的方法和时间表。

3)环境管理方案——规定各项管理的部门职责并明确指标的要求;制定详细的行动计划、时间表及方法;明确方案形成过程的评审和方案执行中的控制;明确项目的文件记录方法;方案是动态的应定期予以修订以反映组织目标和指标变化情况。

8.资源、作用、职责和权限:

(1)管理者应确保为环境管理体系的建立、实施、保持和改进提供必要的资源。资源包括人力资源和专项技能、组织的基础设施以及技术和财力资源。

（2）为便于环境管理工作的有效开展，应当对作用、职责和权限做出明确规定，形成文件，并予以传达。

（3）组织的最高管理者应任命专门的管理者代表，无论他（们）是否还负有其他方面的责任，应明确规定其作用、职责和权限，以便：

1）确保按照本标准的要求建立、实施和保持环境管理体系；

2）向最高管理者报告环境管理体系的运行情况以供评审，并提出改进建议。

9. 能力、培训和意识：

（1）组织应确保所有为它或代表它从事被确定为可能具有重大环境影响的工作的人员，都具备相应的能力。该能力基于必要的教育、培训，或经历。组织应保存相关的记录。

（2）组织应确定和它的环境因素和环境管理体系有关的培训需求并提供培训，或采取其他措施来满足这些需求。应保存相关的记录。

（3）组织应建立、实施并保持一个或多个程序，使为它或代表它工作的人员都意识到：

1）符合环境方针与程序和符合环境管理体系要求的重要性；

2）他们工作中的重要环境因素和实际的或潜在的环境影响，以及个人工作的改进所能带来的环境效益；

3）他们在实现环境管理体系要求符合性方面的作用与职责；

4）偏离规定的运行程序的潜在后果。

10. 信息交流：

（1）组织应建立、实施并保持一个或多个程序，用于有关其环境因素和环境管理体系的：

1）组织内部各层次和职能间的信息交流；

2）与外部相关方联络的接收、形成文件和答复。

（2）组织应决定是否与外界交流它的重要环境因素，并将其决定形成文件。若决定进行外部交流，则应按规定交流。

11. 环境管理体系文件应包括：

（1）环境方针、目标和指标；

（2）对环境管理体系覆盖范围的描述；

（3）对环境管理体系主要要素及其相互作用的描述，以及相关文件的查询途径；

（4）本标准要求的文件，包括记录；

（5）组织为确保对涉及重要环境因素的过程进行有效策划、运行和控制所需的文件，包括记录（如图 2-21 所示）。

12. 文件控制：

（1）应对本标准和环境管理体系所要求的文件进行控制。记录是一种特殊的文件，应按照（4.3.3）的要求进行控制。

（2）组织应建立、实施并保持一个或多个程序，以便：

1）在文件发布前进行审批，确保其充分性和适宜性；

2）必要时对文件进行评审和更新，并重新审批；

3）确保对文件的修改和现行修订状态做出标识；

4）确保在使用处能得到适用文件的有关版本；

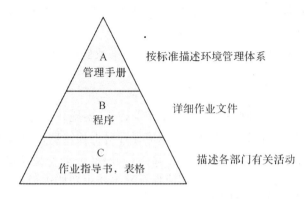

信息交流的内容

组织	外部
组织简介	法律法规及其他要求
环境方针、目标和指标	客户的要求
环境管理过程	市场环境需求的变化
环境表现评价	相关方的意见
需要改进的地方	废弃物处理处置的信息
独立验证的情况	

图 2-21　环境管理体系文件

5）确保文件字迹清楚，易于识别；

6）确保对策划和运行环境管理体系所需的外来文件做出标识，并对其发放予以控制；

7）防止对过期文件的非预期使用。若需将其保留，要做出适当的标识。

13.组织应根据其方针、目标和指标，识别和策划与所确定的重要环境因素有关的运行，以确保其通过下列方式在规定的条件下进行：

（1）建立、实施并保持一个或多个形成文件的程序，以控制因缺乏程序文件而导致偏离环境方针、目标和指标的情况；

（2）在程序中规定运行准则；

（3）对于组织使用的产品和服务中所确定的重要环境因素，应建立、实施并保持程序，并将适用的程序和要求通报供方及合同方。

14.应急准备和响应：

（1）组织应建立、实施并保持一个或多个程序，用于识别可能对环境造成影响的潜在的紧急情况和事故，并规定相应措施。

（2）组织应对实际发生的紧急情况和事故做出响应，并预防或减少伴随的有害环境影响。

（3）组织应定期评审其应急准备和响应程序。必要时对其进行修订，特别是在事故或紧急情况发生后。

（4）可行时，组织还应定期试验上述程序。

15.监测和测量：

（1）组织应建立、实施并保持一个或多个程序，对可能具有重大环境影响的运行的关键特性进行例行监测和测量。程序中应规定将监测环境绩效、适用的运行控制、目标和指标符合情况的信息形成文件。

（2）组织应确保所使用的监测和测量设备经过校准或验证，并予以妥善维护，且应保存相关的记录。

16. 合规性评价：

（1）为了履行遵守法律法规要求的承诺，组织应建立、实施并保持一个或多个程序，以定期评价对适用环境法律法规的遵守情况。组织应保存对上述定期评价结果的记录。

（2）组织应评价对其他要求的遵守情况。这可以和（4.5.2）中所要求的评价一起进行，也可以另外制定程序，分别进行评价。组织应保存对上述定期评价结果的记录。

17. 不符合、纠正措施和预防措施：

（1）组织应建立、实施并保持一个或多个程序，用来处理实际或潜在的不符合，采取纠正措施和预防措施。程序中应规定以下方面的要求：

1）识别和纠正不符合，并采取措施减少所造成的环境影响；

2）对不符合进行调查，确定其产生原因，并采取措施以避免重复发生；

3）评价采取预防措施的需求，实施所制定的适当措施，以避免不符合的发生；

4）记录采取纠正措施和预防措施的结果；

5）评审所采取的纠正措施和预防措施的有效性。

（2）所采取的措施应与问题和环境影响的严重程度相符。

（3）组织应确保对环境管理体系文件进行必要的更改。

18. 记录控制：

（1）组织应根据需要，建立并保持必要的记录，用来证实对环境管理体系及本标准要求的符合，以及所实现的结果。

（2）组织应建立、实施并保持一个或多个程序，用于记录的标识、存放、保护、检索、留存和处置。

（3）环境记录应字迹清楚，标识明确，并具有可追溯性。

19. 内部审核：

（1）组织应确保按照计划的时间间隔对环境管理体系进行内部审核。目的是：

1）判定环境管理体系是否符合组织对环境管理工作的预定安排和本标准的要求，是否得到了恰当的实施和保持。

2）向管理者报告审核结果。

（2）组织应策划、制定、实施和保持一个或多个审核方案，此时，应考虑到相关运行的环境重要性和以往的审核结果。

（3）应建立、实施和保持一个或多个审核程序，用来规定：

1）策划和实施审核及报告审核结果、保存相关记录的职责和要求；

2）审核准则、范围、频次和方法。

（4）审核员的选择和审核的实施均应确保审核过程的客观性和公正性。

20. 管理评审：

最高管理者应按计划的时间间隔，对组织的环境管理体系进行评审，以确保其持续适宜性、充分性和有效性。评审应包括评价改进的机会和对环境管理体系进行修改的需求，包括环境方针、环境目标和指标的修改需求。应保存管理评审记录。

（1）管理评审的输入应包括：

1）内部审核和合规性评价的结果；

2）和外部相关方的交流，包括抱怨；

3）组织的环境绩效；

4）目标和指标的实现程度；

5）纠正和预防措施的状况；

6）以前管理评审的后续措施；

7）客观环境的变化，包括与组织环境因素和法律法规和其他要求有关的发展变化；

8）改进建议。

（2）管理评审的输出应包括为实现持续改进的承诺而做出的，和环境方针、目标、指标以及其他环境管理体系要素的修改有关的决策和行动。

第3章 净化车间防静电管理要求

3.1 静 电

3.1.1 静电的基本概念

一、静电

静电即相对静止不动的电荷(electro-static),通常指因不同物体之间相互摩擦而产生的在物体表面所带的正负电荷。

二、静电放电

静电放电指具有不同静电电位的物体由于直接接触或静电感应所引起的物体之间静电电荷的转移(electro-static-discharge)。通常指在静电场的能量达到一定程度之后,击穿其间介质而进行放电的现象。

3.1.2 静电产生的原因

一、微观原因

根据原子物理理论,电中性时物质处于电平衡状态。由于不同物质原子的接触产生电子的得失,使物质失去电平衡,产生静电现象。

二、宏观原因

1.物体间摩擦生热,激发电子转移;

2.物体间的接触和分离产生电子转移;

3.电磁感应造成物体表面电荷的不平衡分布;

4.摩擦和电磁感应的综合效应。

3.1.3 常用物品的摩擦起电序列

表 3-1 给出了常用物品的摩擦起电序列,其中越靠左侧的物品,越易产生负电荷;反之,越靠右侧的物品,越易产生正电荷。亦即,在序列中距离越远的物品之间相互接触分离或摩擦,产生的静电电位就越高。表 3-2 列出了典型的静电电压。

表 3-1 常用物品的摩擦起电序列

(一)	←										(+)
聚乙烯	金	银	铜	硬橡皮	棉花	纸	铝	羊毛	尼龙	人的头发	玻璃	人手

表 3-2 典型的静电电压

静电电荷源	测得的电压(V)	
	10%～20%RH	65%～90%RH
走过地毯	35000	1500
在聚烯烃类塑料地面行走	12000	250
工作台旁操作的工人	6000	100
翻动聚乙烯膜封皮的说明书	7000	600
从工作台拾起普通聚乙烯袋	20000	1200
垫有聚氨酯泡沫的工作椅	18000	1500

3.1.4 静电在工业生产中造成的危害

静电的产生在工业生产中是不可避免的,其造成的危害主要可归结为静电放电(ESD,electro-static-discharge)和静电引力造成的危害。

一、静电放电(ESD)造成的危害

1.引起电子设备的故障或误动作,造成电磁干扰。

2.击穿集成电路和精密的电子元件,或者促使元件老化,降低生产成品率。

3.高压静电放电造成电击,危及人身安全。

4.在多易燃易爆品或粉尘、油雾的生产场所极易引起爆炸和火灾。

二、静电引力(ESA)造成的危害

1.电子工业:吸附灰尘,造成集成电路和半导体元件的污染,大大降低成品率。

2.胶片和塑料工业:使胶片或薄膜收卷不齐;胶片、CD 塑盘沾染灰尘,影响品质。

3. 造纸印刷工业：纸张收卷不齐，套印不准，吸污严重，甚至纸张黏结，影响生产。

4. 纺织工业：造成根丝飘动、缠花断头、纱线纠结等危害。

3.1.5　一些器件的静电敏感电压值

表 3-3 给出了一些器件的静电敏感电压值。

表 3-3　器件的静电敏感电压值

器件	电压值(V)	器件	电压值(V)
VMOS	30～1800	运算放电器	190～500
MOSEET	100～200	JEFT	140～1000
GaAsFET	100～300	SCL	680～1000
PROM	100	STTL	300～2500
CMOS	250～2000	DTL	380～7000
HMOS	50～500	肖特基二极管	300～3000
E/DMOS	200～1000	双极型晶件管	380～7000
ECL	300～2500	石英压电晶体器件	＜10000

3.2　如何在电子行业有效地防止静电

为了有效地抗击和防止静电放电，必须以正确的方式使用正确的设备。由于一系列强有力的闭环 ESD 预防、监测与离子设备，现在可以把 ESD 看作一个过程控制问题。

静电放电(ESD)是在电子制造行业中导致元器件损害的一个被人们熟悉但却低估了的根源。它影响每一个制造商，无论其大小。虽然许多人认为他们是在 ESD 安全的环境中生产产品，但事实上，与 ESD 有关的损害继续给世界的电子制造工业造成每年数十亿美元的代价。

静电放电(ESD)定义为，给或者从原先已经有静电(固定的)的电荷(电子不足或过剩)放电(电子流)。电荷在两种条件下是稳定的：

(1) 当它"陷入"具有导电性的但是电气绝缘的物体上，如有塑料柄的金属的螺丝起子；

(2) 当它居留在绝缘表面(如塑料)，不能在上面流动时。

可是，当带有足够高电荷的电气绝缘的导体(螺丝起子)靠近有相反电势的集成电路(IC)时，电荷"跨接"，引起静电放电(ESD)。

ESD 以极高的强度很迅速地发生，通常将产生足够的热量，能熔化半导体芯片的内部电路，使其在电子显微镜下外表像向外吹出的小子弹孔，引起即时的和不可逆转的损坏。

更加严重的是，这种危害只有十分之一的情况是在最后测试时已引起整个元件失效。在其他 90% 的情况，ESD 损坏只引起部分的降级——意味着损坏的元件可毫无察觉地通过最后测试，而只在发货到顾客之后出现过早的现场失效。其结果是最损坏制造商的声誉的。

可是,控制 ESD 的主要困难是,它是不可见的,但又能达到损坏电子元件的地步。产生可以听见"滴答"一声的放电需要累积大约 2000V 的相当大的电荷,而 3000V 可以感觉小的电击,5000V 可以看见火花。

例如,诸如互补金属氧化物半导体(CMOS,complementary metal oxide semiconductor)或电气可编程只读内存(EPROM,electrical programmable read-only memory)等常见元件,可分别被只有 250V 和 100V 的 ESD 电势差所破坏,而越来越多的敏感的现代元件,包括奔腾处理器,只要 5V 就可毁掉。

这个问题和每天的引起损害的活动复合在一起。例如,从乙烯基的工厂地板走过,在地板表面和鞋子之间产生摩擦,其结果是使带纯电荷的物体累积达到 3~2000V 的电荷。累积电荷的大小取决于局部空气的相对湿度。

甚至工人在工作台上自然移动所形成的摩擦都可产生 400~6000V 的静电。如果在拆开或包装泡沫塑料盒或泡泡袋中的电子产品时,工人处于绝缘状态,那么在工人身体表面累积的静电荷可达到大约 26000V。

因此,作为主要的 ESD 危害来源,所有进入静电保护区域(EPA,electrostatic protected area)的工作人员必须接地,以防止任何电荷累积,并且所有表面应该接地,以维持所有东西都在相同的电势,防止 ESD 发生。

用来防止 ESD 的主要产品是防静电腕带(wristband),其有卷毛灯芯绒和耗散性表面或垫料,两者都必须正确接地。另外的辅助物诸如耗散性鞋类或脚带和合适的衣服,都是设计用来防止人员在静电保护区域(EPA)移动时累积和保持净电荷。

在装配期间和之后,电子产品也应该防止来自内部和外表运输中的 ESD。有许多包装产品可用于这方面,包括屏蔽袋、装运箱和可移动推车。虽然以上设备的正确使用将防止 90% 的 ESD 可能产生的有关的问题,但是为了防止最后的 10%,需要另一种保护——离子化。

中和那些可产生静电电荷的装配设备和表面的最有效方法是使用离子发生器(ionizer)——这种设备可把离子化空气流吹向工作区域,来中和累积在绝缘材料上的任何电荷。

一个常见的误区是认为因为在工作站带上了防静电腕带,该区域的绝缘体,如聚苯乙烯杯或纸板盒所带的电荷将安全地消散。按定义,绝缘体不会导电,除了通过离子化不可能放电。

如果一个带电荷的绝缘体保留在 EPA,它将辐射一个静电场,引发净电荷到任何附近的物体上,从而增加对产品的 ESD 损坏的危险性。虽然许多制造商企图在其 EPA 禁止绝缘材料,但这个方法是很难实施的。绝缘材料在日常生活中太多了——从操作员坐得舒适的泡沫垫,到塑料盖中的一些东西。

由于离子发生器的使用,制造商可以接受一些绝缘材料在其 EPA 中出现的事实。因为离子发生系统能连续地中和可能发生在绝缘体上面的任何电荷累积,所以对于任何的 ESD 计划,它们都是合理的投资。

标准电子装配中的离子发生设备有两种基本的形式:

(1)桌面型设备(单个风扇);

(2)过顶型设备(在单个过顶的单元内,有一系列的风扇)。

也有室内离子发生器,但其现在主要用于清洁房的环境。

选择何种设备取决于需要保护区域的大小。桌面型离子发生器将覆盖单一工作表面,而过顶式离子发生器将覆盖两个或三个工作表面。离子发生器的另一个优点是它可防止灰尘静电附着于产品。静电附着于产品可能使外观降级。

可是,如果没有对 ESD 设备有效性的正常测试和监测,那么没有一个保护计划是完善的。一流的 ESD 控制和离子化专家报告了使用失效的(因此是无用的)ESD 设备而不知其失效的制造商的例子。

为了防止这种情况,除了标准的 ESD 设备,ESD 供应商还提供各种恒定监测器,如果一项表现超出规定即自动报警。监测器可用作一个独立单元或在网络中连接在一起。也有自动数据采集的网络软件,实时显示有关操作员和工作站的系统表现。

监测器可通过消除许多日常任务来简化 ESD 计划,如保证每天适当测量腕带、离子发生器的平衡与正确维护、确保工作台接地点没有损坏。

防止 ESD 的第一步是正确评价。如果忽视,怎样小的细节都可能造成不可修复的损坏。一个有效的计划要求不仅使用有效的 ESD 保护设备,而且有严密的运作程序来保证所有工厂地面人员的行为是 ESD 安全的。

虽然许多制造商使用自动腕带测试仪,但常常可以看到操作员因为腕带太松而通过测试或者失效。许多操作员企图通过用另一只手简单抓着测试仪靠近其手腕来通过测试。

尽管如此,好消息是 ESD 是可避免的。投资在正确的设备和改善安全程序中的时间与金钱将通过相应的合格率的提高而得到回报。

3.3　电路测试的防静电措施

一、目的

对电路测试车间的防静电配置、点检做出规定,并保证有效执行,避免静电对电路的损伤。

二、适用范围

适用于电路测试车间所有人员。

三、职责

1. 电路测试车间主管负责整个车间防静电体系的建立,包括硬件、管理检查制度。

2. 测试人员负责使用的腕带、防静电鞋的点检。

3. 维护主管负责防静电台垫、地板的点检。

4. 库房组长负责安排包装材料的防静电抽查。

四、程序内容

1. 车间防静电硬件配置

(1)进入车间的人员必须按照车间标准着装要求穿戴整齐,包括防静电帽、防静电鞋、防静电上衣;车间自动测试人员必须佩戴防静电腕带,装管、外检、手测人员必须戴防静电腕带和手指套,抽检人员必须戴防静电腕带、手指套和手套。

（2）车间所有工位一律严格接地，包括手测台、装管台、外检台、抽检台、中转库房工作台、机测工位、维护工作台。要求各作业工位铺防静电台垫，机械手接地。

（3）装集成电路（包括 COB 片）的塑料管、内包装盒、塑料包装内袋、QFP 盘、周转箱、各工位上的塑料容器均采用防静电材料。

（4）防静电腕带、防静电鞋每日用测试仪点检，台垫、防静电地板需用表面电阻测试仪定期检测。

2. 点检操作细则

（1）每天测试人员在作业前点检一次防静电腕带、防静电鞋，并做记录。点检合格在记录表中打"√"，点检不合格在记录表中打"×"，"×/√"表示点检不合格，采取措施后合格。每天由班长进行检查确认，并签名。

（2）每天由车间统计检查测试人员防静电用品的佩戴。

（3）防静电台垫每半年点检一次，由维护主管负责，并做相应记录。判定合格在记录表中打"√"；判定不合格在记录表中打"×"。遇到异常问题，将处置结果填入"问题处置"栏。

（4）集成电路包装用品的防静电抽查由库房组长安排，每半月抽查一次。抽查结果填入记录表，遇到异常问题，将处置结果填入"问题处置"栏。

基　础　篇

第4章 C语言基础知识

4.1 C语言的数据类型、运算符和表达式

4.1.1 变量

一、变量的概念

在实际的应用中,为了获得某一个电流值或电压值,或是其他的一些可变参数,通常需要一个或几个变量来计算或存储该值(例如测试程序中电流测试部分的 SC1、SC2 等)。每一个变量由程序预先设定的一个名字所代表,在程序的执行过程中,其值可以被改变。通过变量可以进行数值的运算、信息的保存、字符的处理等重要的计算机操作。

1. 变量的命名

变量的命名需要遵循以下规则:

(1)每一个变量名称只能由字母、数字和下划线三种字符组成,而第一个字符必须为字母或者下划线。

(2)变量的字符数不大于 8。如果多于 8 个字符,则只有前 8 个字符被 C 编译系统识别。

(3)变量的命名应注意易记、易懂,即所取的名称最好代表其实际所代表的含义。例如:计算电流可使用 current、电压可使用 voltage、电阻可使用 res、数量为 num、时间为 time,等等。对于某些场合,例如为了多次测量某一电压值而进行循环计数的变量,可简单地取名为 i、j、k、n、m 等。

2. 变量的数据类型

在计算机中,为了处理不同类型的数据,设置了各种不同的数据类型。例如:采用整型数进行整数的处理、实数型进行小数的处理、字符型进行字符或字符串的处理等。

二、整型变量

整型变量按范围可以分为基本型(int)、短整型(short)、长整型(long)和无符号整型(unsigned),而无符号型又可和前面的各类型构成无符号整型(unsigned int)、无符号短整

型(unsigned short)及无符号长整型(unsigned long)。在测试过程中常用的是基本型(int)、长整型(long)和无符号整型(unsigned int)三种，这三种整型变量的范围分别为－32768～＋32767，－2147483648～＋2147483647 和 0～65535。

其定义方法为"int i；"、"long l；"、"unsigned int m；"等。

在实际过程中需要注意整型变量的作用范围。以下列程序为例：

```
int Carry_Test(int x,int y)
{
unsigned int i = 0;
    int j = 0,pulsestatus = 1;
    _turn_key("on",x,y);
    _opendoor(8);
    while((_rdcmpbus(2) == 0)&&(i++<50000));
    do{
        i = 0;
        while((_rdcmpbus(2) == pulsestatus)&&(i++<100));
        j++;
        pulsestatus = (pulsestatus == 1)? 0 : 1;
    }while(i<100);
    _turn_key("off",x,y);
    return(j);
}
```

上面程序中变量 i 定义为无符号整型，因此它的作用范围是 0～65535，这样 i++＜50000 才有可能满足；如果 i 定义为基本型，那么它的作用范围是－32768～＋32767，将永远满足不了大于 50000 这个条件，程序容易进入死循环，也就是死机。

三、实数型变量

实数又可称为浮点数。根据其所处理的数据所能达到的精度或可处理的数值范围，可分为单精度(float 型)和双精度(double 型)。

实型数在测试程序中通常被用来进行电流或电压的测量和计算、平均值的计算及其他需要浮点数参与运算的场合。根据被运算的数值范围及所需达到的精度要求，选择合适的精度类型定义所需的变量。

其定义方法为"float sc1(电流)；"、"lmpH(电压)；"等。

四、字符型变量

在 C 程序中常见的诸如'a'、'C'、'?'、'#'等单引号括起来的字符被称为字符型变量。字符型变量被用来存放字符型数据，每个变量只能存放一个字符。

在测试程序中，该类型的变量通常被用来进行函数参数的传递，说明希望被操作对象将达到的状态。例如在_set_drvpin()函数调用的时候就需要用到，如：

```
_set_drvpin('H',1,2,3,0);
```

即功能管脚 1、2、3 置高。'H 在这里作为参数说明后面三个功能管脚的状态。虽然这个参数可以使用 0、1 来表示功能管脚的状态,然而很显然没有像使用字符'H'、'L'那样直观、易懂。

其定义方法为"char c1;"。

五、变量的赋值

C 语言中变量在被定义后,其初始值是不固定的,即相当于为该变量赋予了一个随机初值。因此,在每定义一个变量之后,不能立刻引用该变量进行运算,而要为其赋予一个初始值,否则在以后的运算中,C 程序将引用该变量的随机初值进行运算,从而得到不被期望的结果。

变量的初值赋值有两种方式。一种是在被定义的同时立刻赋予一个初始值,例如:

int i = 1;float sc1 = 1.0;char signal = 'L'

另一种方法是在定义后,在使用前赋予一次初值,例如:

```
int a;
a = 0;      /* 此处 a 被赋予初值 0。 */
a = a + 1;
```

或者:

```
int a;
for(a = 0;a<10;a + + )
{……;}
```

注意:此处 for 函数的参数表达式(a=0)即给 a 赋予了一次初值。

六、常量

在程序的运行过程中其值不能被改变的量就被称为常量。这是和变量相对而言的。然而就计算机数据结构而言,常量只是一种特殊的变量,除了它的值不能被改变外,其他的特征都是相同的,因而可以将它当作变量来看待。常量就其定义与引用方式而言,可分为三种:

1. 直接引用形式的常量

整型常量如 133、0、−1,实型常量如 4.6、2.3,字符型常量如'a'、'b'、'#'。这类常量可以直接被引用于程序中,进行输出、比较或运算。

2. 标识符形式的常量

标识符形式的常量被定义在程序的开头、main 函数之外,如:"#define PRICE 30"。这里"#define"即为定义其后的标识符 PRICE 代表数值 30。在其后的程序中,凡是遇到引用到 PRICE 的地方,C 编译程序就自动将其转换为数值 30。

3. const 型常量

const 型常量可以在程序前或程序中被定义。方法为:"const int ERR_NOCODE;"或"const float VOLAGE;"。

常量在测试程序中通常用于存储被测电路的信息,如最大工作电压、工作电流、解码数据等在程序运行过程中不需要被改变的量。此外,也用于传递一些函数的执行结果,如解码结果、出错信息等。常量的使用,可以减少程序出错的概率,增加程序的可读性,方便程序的调试。

4.1.2　运算符

C语言的运算符非常丰富,范围也很宽。运算符在C语言中是一个较复杂的部分,涵盖了除控制语句和输入输出以外的几乎所有的基本操作。不过在实际的测试程序中,所需运用的运算符并不是很多。本教材根据实际的需要,有选择地介绍部分C语言的运算符。

一、算术运算符

基本的算术运算符有＋、－、＊、/、％。

"＋"称为加法运算符,或正值运算符,用于求和,如3＋2;

"－"称为减法运算符,或负值运算符,用于求差,如100－3;

"＊"称为乘法运算符,用于求积,如3＊10;

"/"称为除法运算符,用于求商,如100/20;

"％"称为求余运算符,或模运算符,用于求余数值,如7％3,值为1。

二、关系运算符

基本的关系运算符有＞、＜、＞＝、＜＝、!＝、＝＝。

以上运算符所组成的表达式返回值为一个布尔值。所谓布尔值,即用来判断表达式成立与否的值,即若表达式成立,则表达式的值为1,若不成立,则值为0。也就是说,布尔值只有0和1两个值。

"＞"称为大于运算符,用于判断某数是否大于另外一数,如3＞5,整体表达式结果为0,表示该表达式为假,即3应该小与5;

"＜"称为小于运算符,用于判断某数是否小于另外一数,如8＜10,结果为1,表示该表达式为真,即8小于10;

"＝＝"称为等于运算符。如果要比较两个数值是否相等,则使用该运算符组成表达式。如a＝＝b,如果a的值等于b,则该表达式值为1,否则其值为0;

"＞＝"称为大于等于运算符,其含义和大于运算符一样,只是在被比较的两数相等时,所组成的表达式的值也为真(结果为1);

"＜＝"称为小于等于运算符,其含义和小于运算符一样,只是在被比较的两数相等时,所组成的表达式的值也为真(结果为1);

"!＝"称为不等于运算符。如果被比较的两个数值不相等,则使用该运算符组成的表达式的值为真(结果为1),否则其值为假(结果为0),如3!＝4,该表达式的值为1,即3不等于4成立。

三、逻辑运算符

基本的逻辑运算符有!、＆＆、||。

"!"称为逻辑非运算符,由它组成的表达式如:!（表达式1）。

由"!"组成的表达式的值即为表达式1的值取反,即1变成0,0变成1。例如:!（3＝＝3）。在这个表达式中,(3＝＝3)表达式的值为1,而在使用了"!"运算符之后,整体的值变为 0。

"&&"称为逻辑与运算符,由它组成的表达式如:(表达式 1)&&(表达式 2)。

通常理解为表达式 1 和表达式 2 相与。整个表达式的值取决于两个子表达式。即如果两个子表达式的值都为真,则整个表达式的值就为真(结果为 1)。如果两个子表达式中有一个不为真或两个都不为真,则整个表达式的值就为假(结果为 0)。

"||"称为逻辑或运算符,由它组成的表达式如:(表达式 1)||(表达式 2)。

通常理解为表达式 1 和表达式 2 相或。即如果两个子表达式中有一个为真或两个都为真,则整个表达式的值就为真。如果两个子表达式的值都为假,则整个表达式的值才为假。

在实际测试使用中,关系运算符和逻辑运算符的使用是比较多的,如 SC7461 程序中 ICC( )函数里面关于静态电流的测试值处理:

```
if(fabs(sc1)＞ 1.1)||(fabs(sc3)＞ 1.1 )
{……;}
```

其中,(fabs(sc1)＞1.1)||(fabs(sc3)＞1.1)是一个电流值判断表达式,fabs()是取绝对值函数,对 sc1 和 sc3 取绝对值。该表达式的意思为,如果 sc1 的绝对值大于 1.1 或 sc3 的绝对值大于 1.1,则整个表达式的值为真(结果为 1),表明被测电路的某一个电流测试超标。If 语句在判断(fabs(sc1)＞1.1)||(fabs(sc3)＞1.1)的值为 1 时,就执行{……;}中的程序,进行电路失效处理。当然,如果 sc1 和 sc3 的绝对值都在临界限 1.1 以下,则(fabs(sc1)＞1.1)||(fabs(sc3)＞1.1)的值为 0,表明被测电路的电流是正常的,测试通过,程序将不执行{……;}中的语句。

四、位运算符

基本的位运算符有＜＜、＞＞、～、|、^、&。

"＜＜"称为左移运算符。

"＞＞"称为右移运算符。

"～"称为非运算符。

"|"称为或运算符。

"^"称为异或运算符。

"&"称为与运算符。

以上各运算符主要是为了完成数据的二进制操作。二进制是计算机系统一个非常重要的概念,由于这一部分涉及的知识较多,且在测试程序中这类运算符使用得不多,对程序及测试的维护、产品的换测作用不大,故而不多作介绍。

五、赋值运算符

符号"="称为赋值运算符。它的作用是将一个数据(常量或变量)或表达式的值赋给一个变量。例如"a=3;"即把常量 3 赋给变量 a。"a=b+1;"即把(b+1)表达式的值赋给变量 a。

六、自增自减运算符

"++"为自增运算符,作用是使变量值加 1,如 i++,如果 i 的初值为 0,那么经过运算之后,i 的值就变成了 1。

"－－"为自减运算符,作用是使变量值减 1,如 i－－,如果 i 的初值为 3,那么经过运算之后,i 的值就变成了 2。

要注意的是该运算符在变量旁边所处的位置,如:

```
i = 0;
j = i + + ;(1)
j = + + i;(2)
```

其中,自增运算符"＋＋"分别位于变量 i 的左边和右边。i 的初值为 0,则在(1)之后,j 的值仍为 0,因为当"＋＋"位于变量的右边,与变量所组成的表达式被使用时,该表达式不被运算,其值先被使用,然后才对表达式进行运算。所以(1)处的 j 首先获得 i 在自增之前的值 0,然后 i 被自增一次,成为 1。在(2)处 j 的值成为 2。因为当自增运算符"＋＋"位于变量的左边时,和在右边刚好相反,其表达式先被运算,然后所得的值被使用。故而(2)处首先i 自增一次,然后 j 获得 i 的值 2。

自增自减运算符在测试中的使用主要是在 for( )语句循环里,如:

```
for(i = 1;i < 5;i + + )
{……}
```

七、复合运算符

```
a + = b : a = a + b;
a − = b : a = a − b;
a * = b : a = a * b;
a/ = b : a = a/b;
a % = b : a = a % b
……
```

4.1.3 表达式

由变量、运算符、数值等组成的语句,用于表达数值的变化、条件的是非,或求解数值的结果的指令组称为表达式。最简单的表达式可以是一个数字、变量等,如"3＋2"、"a * b"、"c ||d"之类的式子即为常见的简单的表达式。

一、赋值表达式

由赋值运算符将一个变量和一个表达式连接起来的式子称为赋值表达式。其形式如下:

〈变量〉〈赋值运算符〉〈表达式〉

其作用为将赋值运算符右边的表达式的值赋给左侧的变量。整个表达式的值即为被赋值的变量的值。实例如下:

```
a = 3 + (b = 4);
if(a = 3 * b);
```

二、条件表达式

条件表达式的格式为:表达式 1? 表达式 2:表达式 3。意为当表达式 1 为真时,执行表达式 2,反之则执行表达式 3。如"f=a>b? a:b"表示:如果 a>b 成立,那么 f=a,反之 f=b。

在测试的过程中,常用的条件表示式为:

```
pulsestatus = 1;
pulsestatus = (pulsestatus = = 1)? 0 : 1;
```

三、逻辑表达式

由逻辑运算符组合变量、数值及其他运算符组成,用于进行条件的是非判断的式子称为逻辑表达式。常见的逻辑表达式有

逻辑与表达式:〈表达式 1〉&&〈表达式 2〉;
逻辑或表达式:〈表达式 1〉||〈表达式 2〉;
逻辑非表达式:〈表达式 1〉。

逻辑表达式在测试过程中的应用非常广泛,特别是在对测试结果进行判断的时候,如:

```
for(i = 0;i<3;i + +)
{
    sc1 = _measure_i(1,5,2);
    sc3 = _measure_i(2,5,2);
if(fabs(sc1)<1.1)&&fabs(sc3)<1.1)break;
_wait(30);
    }
    if(fabs(sc1)>1.1||fabs(sc3)>1.1)
    {
        ……
    }
```

以上这段程序就使用了逻辑与和逻辑或两种表达式。在第一句中,当 sc1 和 sc3 的值都小于 1.1,也就是表达式都为 1 的时候,if 语句执行 break 语句(从循环中跳出);在第二句中是对 sc1 和 sc3 的值进行判断,如果有一个表达式不为 0,那么 if 语句将执行{……}里面的失效处理语句。

逻辑非的语句经常用于判断遥控器码值的时候,如:

```
if(CodeBytes[0]! = data1[i]||CodeBytes[1]! = data2[i])
{
    ……
}
```

4.1.4　运算符的优先级

操作符优先级和结合顺序如表 4-1 所示。

表 4-1   操作符优先级和结合顺序

优先级	运算符	含　义	结合方向
1	() [] -> .	圆括号 下标运算符 指向结构体成员运算符 结构体成员运算符	自左至右
2	! ~ ++ —— — (类型) * & Sizeof	逻辑非运算符 按位取反运算符 自增运算符 自减运算符 负号运算符 类型转换运算符 指针运算符 地址与运算符 长度运算符	自右至左
3	* / %	乘法运算符 除法运算符 求余运算符	自左至右
4	+ —	加法运算符 减法运算符	自左至右
5	<< >>	右移运算符 左移运算符	自左至右
6	< <= > >=	关系运算符	自左至右
7	== ! =	等于运算符 不等于运算符	自左至右
8	&	按位与运算符	自左至右
9	^	按位异或运算符	自左至右
10	|	按位或运算符	自左至右
11	&&	逻辑与运算符	自左至右
12	||	逻辑或运算符	自左至右
13	? :	条件运算符	自右至左
14	=+=—=*=/=%=>>= <<=%=^=|=	赋值运算符	自右至左
15	,	逗号运算符	自左至右

4.1.5　常见错误

1.忘记定义变量

如：

```
main()
    {   x = 3;
        Y = 6;
```

```
        printf("%d\n",x+y);
    }
```

2.未注意 int 型数据的数值范围

如：

```
    int num;
    num = 89101;
    printf("%d",num);
```

得到的结果是 23565，而不是我们想要的 89101，原因是 2 个字节的长度容纳不下 89101，系统将高位截去了，即 89101 转换成二进制为 00000001,01011100,00001101；23565 转换成二进制为 01011100,00001101。

有时候还会出现负数，如 num = 196607；而 196607 转换成二进制为 00000001, 11111111,11111111，去掉高位之后为 1111111,11111111，值为－1(补码)。

3.误把"="作为"等于"比较符

如 BASIC 程序中可以写

```
    if(a=b)then …
```

在 C 语言中，"="是赋值运算符，"=="才是关系运算符，如果写成上面一样，在编译过程中，if( )语句的判断条件取决于 b 的值，而不是取决于 a 是否等于 b。

4.在使用标识符时，忘记了大写字母与小写字母的区别

如：

```
    main()
    {    int a,b,c;
        a=2,b=3;
        C=A+B;
        printf("%d+%d=%d",A,B,C);
    }
```

5.混淆字符和字符串的表示形式

```
    char sex;
    sex = "m";
    ……
```

这里 sex 是字符变量，只能存放一个字母，而字符常量的形式是用单引号括起来的，应改为

```
    sex = 'm';
```

"m"为字符串，它包括'm'和'\0'两个字符。

4.2　C 语言程序的语句

在测试程序中常见的诸如：

```
sc1 = _measure_i(1,5,2);
_turn_key("on",1,1);
if((fabs(sc1)>1)||(fabs(sc3)>3)){……}
for(j=1;j<=8;j++){……}
```

都是 C 语言程序的语句。所谓语句,简单的理解可以是:由关键字、变量、运算符、表达式等组成的,用以决定程序的执行方向,描述程序的功能,或计算机要执行的操作等的一种组合。故而语句可以是一个表达式、一个函数调用,也可以是一条判断语句或循环语句等。程序正是由这样的一条一条的语句组成的。

C 语言程序的语句大致可以分为控制语句、函数调用语句、表达式语句、空语句、复合语句等几类。

1. 控制语句

控制语句完成程序的控制功能。C 语言一共有 9 种控制语句,如下:

(1)if()～else～:条件语句;

(2)for()～:循环语句;

(3)while()～:循环语句;

(4)do～while():循环语句;

(5)continue:结束本次循环;

(6)break:中止 switch 或循环语句;

(7)switch:分支选择语句;

(8)goto:跳转语句;

(9)return:函数返回语句。

2. 函数调用语句

函数调用语句由一个函数调用加一个分号构成,如:

```
printf("The Function test is OK!");
```

3. 表达式语句

表达式语句,即由表达式单独构成的语句,如:

```
a = 3;    x + y;    a>b;
```

4. 空语句

单独由一个分号构成的语句称为空语句,它在程序中什么也不做。这类语句在测试程序中基本没有运用。

5. 复合语句

由多个语句用{ }括起来的称为复合语句,如:

```
for(i = 0;i<10;i++)
{
        sum += i;
        if(sum>30)break;
        printf("sum = %d(%d)",sum,i);
```

```
    }
```

大括号里面的三句语句组合成一个复合语句。

4.2.1　控制语句

一、if( )～else～条件控制语句

该语句的格式为"if(表达式)语句 1,else 语句 2",理解为当表达式为真时,执行语句 1,反之执行语句 2。表达式可以是一个赋值表达式、逻辑表达式或关系表达式。而语句可以是前面列举的 5 种语句的任何一种。如 SC7461 程序中有这么一段:

```
if(CodeBytes[0] == 0xe100&&CodeBytes[1] == 0x2bfb&& CodeBytes[2] == 0x2b)
{
  if(displaymode == 0)
  printf("\n\t\tThe code test under low voltage is ok! \n\n");
  passflg = 6;
}
else
{
  if(displaymode == 0)
              printf("\nKey(3,6)'s code is error\n");
  if(judge == 0)
{
failflg = 2;
          return;
  }
```

这里用下划线标注的就是一个 if()～else～的控制语句,当表达式成立时,执行紧接着用大括号括起来的复合语句,不成立时,执行 else 后面大括号括起来的复合语句。

两个复合语句中都嵌套了 if 语句,这里面的三个 if 语句都只有语句 1,没有 else 后面的语句 2。为了读写清楚,每个同一级的 if 和 else 语句都在同一列上,而次级的 if 语句空了一格,如上。

二、for( )～循环语句

该语句在测试程序中使用得也较广泛。无论是在需要多次重复测试的模块(如在遥控器类电路的按键解码部分)、在多次测试防止误测的手段上(如在电流测试部分,多次测试直到有一次测试的结果符合要求),还是在限定次数测试手段上(如在 LK8810 遥控器解码程序中等待发码部分,使用限定次数等待的手段可防止被测电路无码发出时程序陷入死循环)都得到应用。

for 语句的一般形式如下:

for(表达式 1;表达式 2;表达式 3)

```
{……;}
```

其中表达式 1 在循环的开始只被执行一次,通常用来进行循环的初始化操作。表达式 2 和 3 在每次循环后执行一次。其中表达式 2 为循环中止条件。注意表达式之间的分号";",因为在 for 语句中,每个表达式被看作一个语句,故而彼此之间使用分号进行分隔,如:

```
for(n = 0;n<5;n+ +)
{
printf("n = % d",n);
}
```

上面程序中 n=0 为表达式 1,用于初始设定;n<5 为表达式 2,用于中止循环,即当 n 不小于 5 的时候,循环结束;n++为表达式 3,每次循环的时候要执行该语句。该程序在执行的时候,首先执行 n=0,然后判断 n<5,如果成立,则执行{}复合语句;执行完之后执行 n++,然后再从判断 n<5 开始循环执行;当 n=5 的时候,循环结束。因此,该程序的执行结果为:n=0,n=1,n=2,n=3,n=4。

再来看一段实际测试过程中 SC7461 用到的 for 语句:

```
for(i = 1;i< = 8;i+ +)
{
……
    _wait(1);
    put(i,i);//调用解码函数
    _printbyte();
if((CodeBytes[0]! = data[i - 1][0])||(CodeBytes[1]! = data[i - 1][1])||
(CodeBytes[2]! = data[i - 1][2]))

    {
if(displaymode = = 0)
printf("\nSingleKeyTestErrorOn K[ % d][ % d]\n",i,i);
            if(judge = = 0)
            {
                failflg = 3;
                return;
            }
        }
    }
}
```

这部分程序中使用 i 作为循环变量。同时 i 在程序中也参与运算,用于计算按键的序号与码值。程序的大致原理如下:

因为 SC7461 的键盘为 8×8 的矩阵,因此在测试中采用对角线检测的方法,即对键盘矩阵对角线上的 8 个按键"(1,1),(2,2),…,(7,7),(8,8)"的输出进行解码检测。解码的任务由测试机中的 MCS51 来完成。计算机通过软件进行按键,然后通知 MCS51 开始解码。

在等待一定的时间确定 MCS51 完成解码后,与 MCS51 通讯,获得解码结果。因为每个电路的按键码值是一样的,故而可以通过表达式来求得与对角线上每个按键对应的正确的码值,通过该码值和从 MCS51 获得的数据的比较,即可判断当前按键的发码是否正确。

因为每个按键的检测过程都是相同的,故而程序中使用了 for 语句完成对对角线上 8 个按键的轮询。程序分为 5 个部分,以使程序的脉络更清晰。

for 语句中,表达式 1 首先被求解,即 i 被赋予初值 1。之后求解表达式 2,判断 i 是否小于等于 8。(注意此处当 i 值等于 8 时,表达式 2 也是成立的。)在小于等于 8 时进入循环体,执行解码检测。

首先完成键盘操作,即通过调用函数 put( )来完成按键解码。此处 put( )函数的参数是 i,通过循环,就可以完成从(1,1)到(8,8)的对角线按键过程。

然后通过求解的码值和预先存储的码值进行比较,来得出解码是否正确。这里面调用了数组 data[ ][ ],而它的下标也是变量 i,也就是说在循环过程中,data[ ][ ]的值也随着 i 的变化而变化着。

三、for( )～语句循环嵌套

for 语句在使用过程中十分灵活,再加上嵌套之后,能够完成更多的功能。如:

```
for(i = 1;i< = 8;i + + )
{
    for(j = 1;j< = 6;j + + )
    {
        S_put(i,j);
    }
}
```

通过 i 和 j 的循环,可以完成一个 8×6 的键盘按键测试。

四、break 中止 switch 或循环语句

在介绍 for 语句时曾提到循环的结束可以通过循环体内的出口完成。使用 break 就可以完成这种出口的设置。break 语句不仅可以设置各种循环的出口,也可以设置多分支选择语句 switch 的出口。switch 语句因为在测试程序中基本没有使用,故而不作介绍,有兴趣的话可以参看相关的资料。下面我们主要针对 for 循环中的 break 进行讲解。

下面是一个简单的 break 应用:

```
for(n = 0;n<10;n + + )
{
if(n = = 5)break;
}
```

n 为循环变量,从 0 到 10 变化。该程序将循环 5 次,每次对 n 的值判断一次,如果 n 的值不等于 5,则继续循环,否则,就跳出(break)循环。

如果将 if 的条件表达式改为:(n= =11),因为 n 的最大值为 9,故而该条件将无法满足,当 n=10 时,程序将自动结束循环。

break 在测试的过程中很有用,尤其是在希望通过多次测试防止误测的时候。这样的例子很多。例如在电流测试中,为了防止电压板读电流出错,对某一重要的电流参数进行限定次数测试,如果在限定次数以内的测试中有一次测试的电流值符合要求,则停止该项测试,并认为该电流值符合要求。例如:

```
_on_vp(1,2.0);
_wait(50);
for(i = 0;i<5;i++)
{
    sc1 = _measure_i(1,5,2);
    if(fabs(sc1)<1.1)break;
    _wait(10);
}
```

假设在 2.0V 时测试被测电路的静态电流值,要求该电流值小于 1.1μA 算合格。在测试的过程中对该项电流值最多测试 5 次。使用 for 语句来完成循环。每次循环,首先使用 _measure_i()函数获得电路的电流值,存放在变量 sc1 中。然后判断该数值是否小于 1.1。如果小于 1.1 则该项测试成功,跳出循环。否则,等待 10ms,然后重新测试。直到有一次满足要求,或者 5 次都不满足。

当测试机因为自身或外部的一些原因导致电路的某项参数测试不稳定时,以上的手段是很奏效的。其不但可以保证测试的准确性,而且不至于浪费时间。因为如果第一次测试成功的话,便立刻跳出了循环,和没有循环的时候是一样的。我们称此类测试为"加强型测试"。事实上,在测试的各个环节中,如果有需要多次测试,或出现测试不稳定的情形,以上的方法都可以得到应用,只要找到该项参数(此参数测试不稳定)的测试在程序中的首末位置,然后将该段程序放入循环体中,加上适当的判断条件设置好循环的出口,即可完成。如SC7461 低电压发码部分的测试即为此类测试:

```
for(i = 0;i<3;i++)
{
    putl(3,6);
 if(CodeBytes[0] == 0xe100&&CodeBytes[1] == 0x2bfb&&CodeBytes[2] == 0x2b)break;
}
```

其中,putl(3,6)是一个函数,负责完成按键(3,6),并从 MCS51 处获得解码数据,存放在数组 CodeBytes[3]中。由 for 循环可知,循环最多执行 3 次。每次从 MCS51 处获得解码数据之后,即进行码值判断。如果 CodeBytes[]的三个数据(CodeBytes[0],CodeBytes[1],CodeBytes[2])都等于程序中设定的数据,就跳出循环(break)。否则,重新开始循环,再一次按键测试。由于 SC7461 在低电压时发码测试易受外部环境影响,使得测试不够稳定,易产生误测。在使用这种加强型测试之后,便很好地解决了这个问题。

五、continue 结束本次循环语句

continue 语句的作用是结束本次循环,而不是结束整个循环,如下例所示:

```
for(i = 1;i< = 10;i + + )
{
    if(i % 2 = = 0)       continue;
    sum + = i;
}
```

上面的程序中,如果满足(i%2= =0)即 i 为 2 的倍数,则执行 continue 语句,结束本次循环;不满足的时候,sum 对 i 的值进行累加。因此,以上程序的意思就是将 1~10 中的所有奇数求和。

在实际的测试过程中,很少使用 continue 语句,因此这里不作太多介绍。

六、return 函数返回语句

该语句由于涉及函数的概念,故而放在"C 语言的函数"一节具体讲解。

4.2.2　输入输出语句

一、printf 格式化输出函数

printf 格式化输出函数使用的一般格式为:

printf("格式化输出字符串",变量列表)

它的作用是向显示器输出若干个任意类型的数据,其结果正像测试程序中常见的在屏幕上适时打印出当前的测试信息,如测试通过或失效、电流值的大小、测试电路的数量等。如下例:

printf("The Single Key and Custom Code's Test is OK!");

上面的函数即为 printf()函数的最简单用法,它只有输出字符串,没有变量列表,又如:

printf("The Key(% d, % d)Code Test is OK! \n",i,j);

双引号里面的就是格式化输出字符串,i 和 j 为变量列表。所谓格式化输出字符串,即该字符串中包含着一些 C 语言中规定的格式说明字符,该类字符决定着该字符串输出的形式。本例中"%d"和"\n"即为格式化的输出字符串,"%d"说明在这里要输出一个变量的值,该变量为整型数据,而"\n"表示输出到此需要回车换行。

常用的使用%的一些字符解释如下:

➢　"%d":用于输出整数型数据;

➢　"%f":用于输出实数型数据;

➢　"%c":用于输出字符型数据;

➢　"%x":用于输出十六进制数据。

常用的使用\的一些字符解释如下:

➢　"\t":用于使光标跳格;

➢　"\n":用于使光标换行;

➢　"\b":用于使光标退格。

二、scanf 格式化输入函数

scanf 格式化输入函数使用的一般格式为：

scanf("格式化输入字符串",变量地址列表)

它的作用是从键盘输入若干任意类型的数据,赋值给列表所示的变量。如：

```
printf("请输入一个正整数:a = ");
scanf(" % d",&a);
```

从以上程序中我们可以得知,其使用格式与 printf() 函数基本一致,所不同的是列表中是变量的地址,使用了"&"符号,在 C 语言中,该符号的意思就是调用变量地址。这样,从键盘输入的数据存入变量 a 的地址里面,即把键盘输入数据赋值给 a。

4.2.3　常见错误

1.漏掉分号

在 C 语言中,语句的结束标志为";",如果漏掉,将导致编译出错,如：

```
int i,j
{
    a = i;
    b = a + i;
    c = a + b
}
```

2.添加了不应该有的分号

```
if(i>10);
    sum + = i;
```

或

```
for(i = 0;i<5;i + +);
    sum + = i;
```

上面程序中都添加了不应该有的分号,结果让程序执行的结果与预期差异很大。第一段程序是想让 i 大于 10 的时候进行 sum 累加,而 if() 语句后面多了一个分号,导致 if() 语句后面是一个空语句,不管 i 的值如何,sum 都将累加。第二段程序也是一样的毛病,导致 for() 语句的循环语句为一个空语句。

3.错用 scanf() 语句

```
scanf("Please input a number: % d",&a);
```

实际上应该改为：

```
printf("Please input a number:");
scanf(" % d",&a);
```

4.3　C 语言的数组

数组是有序的一系列数据的集合,其中的每一个元素都属于同一个数据类型。用一个统一的数组名和下标来唯一地确定数组中的元素。

对数组简单的描述就是:数组是一组或几组变量,它们拥有一个共同的名称和同一种数据类型,彼此通过下标来区分。由于数组对多个变量操作的方便性,在测试程序中常被用来进行被测电路信息的存储。例如:SC7461 测试程序中的 CodeBytes[]数组,被用来在每次解码之后分别存储解码数值的三个部分。这样,就可以方便地将测试中解码所得的数据和程序中码值的正确数据一一进行对照,确定电路发码的正确性。

根据测试程序中常用的数组的特点,本节将有选择地介绍一维和二维数组的相关知识。

4.3.1　一维数组

一、一维数组的定义

通常可以将数组当作一组或几组有序的变量来看待。这样,数组就具有变量的一些基本特征,例如命名、数据类型、初始值等。一维数组可定义如下:

　　类型标识符　　　数组名[常量表达式]

比如定义一个一维数组用以存储某一电路的 10 个按键的码值,语句为:

　　unsigned int data[10]

其中 data 是数组名,10 为该数组的下标,意为 data 数组里面有 10 个元素,unsigned int 是类型标识符,表示该数组的各个元素均为无符号整形数据。一维数组在定义的时候,要注意以下几点:

(1)数组的命名与变量的命名规则一样;

(2)数组的下标表达式[10]不能用(10)来表示;

(3)表达式[10]表示元素的个数,也可称为数组的长度。在上面的 data 数组中,下标为 10,表明该数组有 10 个元素。在通过下标来引用数组的各元素时,要注意下标是从 0 开始的。元素 data[0]~data[9]都是有效的,而 data[10]是无效的。

(4)在数组的定义过程中,表达式[10]中的常量 10 不能为变量,必须在数组被定义的同时确定下来,即不能出现:

```
int n;
printf("n = % d\n",n);
int data[n];              /* 该处的 n 使用错误 */
```

二、一维数组的引用

前面说过,通过数组名之后的表达式即可将数组的各元素区分开来。实际上,在对数组的引用中也是通过该表达式来完成的。数组只是为数组中的多个变量建立了一种联系,而本身并不是一个独特的变量,因此对数组的引用是通过对其中的各变量的引用来完成的。

例如:在定义了 data[10]数组之后,要将其中第五个数据改为 0,则可书写为:data[4]＝0。可见数组元素可以表述为:

数组名[下标]

其中的下标可以是常量(即数字,如上面的 4),也可以是结果为整型变量的表达式,例如:

```
int i;
for(i = 0;i<10;i++)
{
data[i] = 0;              /*注意此处 i 的范围是 0～9*/
}
```

其中的 i 是一个结果为整型单变量的表达式,在 data 的下标中被引用,从而可以通过 for 语句建立循环,方便地对 data 数组中的各元素进行遍历。以上的程序使得 data 数组的 10 个元素全部被赋予了 0 值。

三、一维数组的初始化

数组和变量一样,也有必要进行初始化。在一个数组被定义之后,如上面的 data 数组,其中各元素的值也是随机的。在 C 语言中,数组的初始化和变量是有区别的。

1.在定义的同时初始化

static int data[10] = {0,1,2,3,4,5,6,7,8,9};

上述语句定义了一个一维数组 data,共有 10 个元素,每个元素为 int 型,其值分别为 0～9。注意此处的大括号{}表示对数组进行初始化操作。

注意,因为 data 已经被说明为一个整型(int)的数组,故而{}中的每一个数据都必须为整型数,否则,C 程序会自动将其转变为整型数。

该方法对数组的初始化以及为测试中的信息存储提供了方便。例如将 SC3010 对角线上的 8 个键的码值存储在 data 数组中,就可以直接定义数组:

static int data[8] = {0xc000,0xc100,0xca00,0xcb00,0xd400,0xd500,0xde00,0xdf00};

这样,在对 SC3010 解码之后获得数据,就可以方便地引用对应的数组中的数据,进行校验。比如,在对第一个按键(1,1)键进行解码之后获得数据 n,可以将所得的数据与 data[0]进行比较:

```
if(n == data[0])
{
    ……
}
```

2.在定义之后、使用之前初始化

可以在定义之后进行初始化;可以分别为每一个元素建立一个赋值操作,以完成无规律

数据的初始化;也可以通过循环完成有规律数据的初始化。

例如为 data 存入无规律的一组数据:

```
int data[10];
data[0] = 33;data[1] = 54;……;data[9] = 17;
```

也可以通过循环的方式存入有规律的数值:

```
for(i = 0;i<10;i++)
    data[i] = 2 * i + 1;
```

即 data[10]里面放入了 1,3,5,7,9 等 10 个奇数。

4.3.2   二维数组

一、二维数组的定义

二维数组的一般形式为:

类型标识符   数组名[常量表达式][常量表达式]

比如使用二维数组存储 6 排按键码值:

```
int data[6][8];
```

第一个下标[6]表示按键矩阵的排数,第二个下标[8]表示每排有 8 个按键,这样就有 48 个按键码值。因此,二维数组可以理解为:二维数组是一个特殊的一维数组,它里面的元素不是数据,而是一个又一个的一维数组。

例如,data[6][8]有 6 个一维数组,data[0]~data[5],而每个一维数组又是由 8 个数据构成,即 data[][0]~data[][7]。

二、二维数组的引用

二维数组中某一元素的表示形式为:

数组名[下标][下标]

例如:将二维数组 data[][]的第一排第三个元素赋值为 0,即 data[0][2]=0。

与一维数组一样,二维数组的下标也是从 0 开始的,切记。

三、二维数组的初始化

对二维数组的初始化只介绍在被定义的同时进行初始化的情况,例如:

```
static int data1[2][3] = {{1,2,1},{4,5,6}};
static int data2[2][3] = {1,2,1,4,5,6};
```

data1 和 data2 的数组初始化形式不同,但其实际元素内容是一样的。很显然,第一种方法直观、方便,一行数据对一行数据,界限清楚,不容易出错。

4.3.3 常见错误

1. 下标不是从 0 开始

```
int data[10];
for(i = 1;i< = 10;i + + )
{
    data[i] = i;                    /* 在这里面 data[10] = 10 是不合法的 */
}
```

2. 二维数组或多维数组使用错误

```
int data[4,5]                    /* 应该改成 data[4][5] */
for(i = 0;i< = 10;i + + )
    data[i,i] = (i + 1,i + 2);
```

3. 下标采用变量表示或空缺

```
int data[],a,i;
scanf("% d",&a);
for(i = 0;i<a;i + + )
    data[i] = i + 3;
```

以上程序想从键盘输入一个数,作为数组的下标,但实际上数组在定义的时候一定要注明元素个数,任何变量或空缺都是不合法的。

4.4 C 语言的函数

4.4.1 函数简介

在测试程序中,如果不同功能的测试程序彼此相连组成一个程序,通常使得整个测试程序的可读性大大降低,有时甚至无法分清哪个功能是由哪部分程序完成测试的。如果能将每个功能的测试程序单独设置成一个单元,当需要测试某一项功能的时候,只需调入相应于该项功能的测试程序即可,这样不但使得程序简洁易懂,也使得程序的维护变得更方便。在 C 语言中,通过函数这样一个工具,便可达到我们的目的。

在 C 语言中,函数又称为子程序。事实上,每个函数即是程序的一个模块,用于实现一个特定的功能。一个 C 语言程序可以由一个主函数和若干个子函数构成。由主函数调用其他函数,其他的函数也可以互相调用。同一个函数可以被一个或多个函数调用任意多次。

在程序设计中,常将一些常用的功能模块编写成函数,放在函数库中供公共选用(例如测试程序中的 S_put(),Icc(),Function(),Carry_test()等)。这样可以有效地利用函数,大大减少重复编写程序的工作量。下面看一个简单的函数举例:

```
void function ();
void icc ();
main ()
{
        printf ("\nThe 7461 test start. \n");
        function ();
        icc ();
        printf ("\nThe 7461 test is ok. \n");
}
void function ()
{      printf (" * * * * * * * * * This is function test program. * * * * * * * * * * \n");}
icc ()
{      printf (" * * * * * * * * * This is icc test program. * * * * * * * * * * * * * \n");}
```

运行结果:

```
The 7461 test start.
* * * * * * * * * * * * * * This is function test program. * * * * * * * * * * * *
* * * * * * * * * * * * * * This is icc test program. * * * * * * * * * * * * * * *
The 7461 test is ok.
```

程序中粗体部分标示的都为函数。其中 function() 和 icc() 为用户自定义函数,printf()为 C 提供的标准函数,main()为主函数。

说明:

(1)一个源程序文件由一个或多个函数组成。一个源程序文件是一个编译单位,即以源文件为单位进行编译,而不是以函数为单位进行编译。

(2)一个 C 语言程序由一个或多个源程序文件组成。对较大的程序,一般不希望全放在一个文件中,而是将函数和其他内容(如预定义)分别放到若干个源文件中,再由若干源文件组成一个 C 语言程序。这样可以分别编写、分别编译,提高调试效率。一个源文件可以为多个 C 语言程序公用。

(3)C 语言程序的执行从 main 函数开始,调用其他函数后流程回到 main 函数,在 main 函数中结束整个程序的运行。main 函数是系统定义的。

(4)所有函数都是平行的,即在定义函数时是互相独立的,一个函数并不从属于另一函数,即函数不能嵌套定义,但可以互相调用,但是不能调用 main 函数。

(5)从使用的角度看,函数有两种:

1)标准函数,即库函数。这是由 C 提供的,用户不必自己定义这些函数,可以直接使用它们。

2)用户自己定义的函数,以解决用户的专门需要。

(6)从函数的形式来看,函数分为两种:

1)无参数函数。如前面示例中的 function() 和 icc() 函数。在调用这类函数时,不需要为它提供任何参数。该类函数通常用来执行指定的一组操作。

2)有参数函数。在调用这类函数时,在主调函数和被调用函数之间有参数传递。也就是说,主调用函数可以将数据传给被调用函数使用,被调用函数中的数据也可以返回给主调用函数。

4.4.2　函数的形式

一、无参数函数的定义

无参数函数的定义形式为:

　　类型标识符 函数名()

　　{……}

如上例中的 function()和 icc(),都是无参数函数。在定义函数时,用"类型标识符"指定函数值的类型,即函数带回给主调函数的数值的类型。无参数函数一般不需要有返回值,因此可以用 void 作为它的类型标识符,如 function()函数。也可以不写类型标识符,如 icc()函数。

二、有参数函数的定义

有参数函数的定义形式为:

　　　　类型标识符 函数名(形式参数列表)

　　　　{……}

例如:

```
int max(x,y)              /* 函数声明 */
int x,y                      /* 形式参数说明 */
{
int z;                      /* 声明变量 z */
if(x>y)z = x;
else z = y;                 /* 求 x、y 中的大值,存于变量 z */
    return(z);              /* 返回 x、y 中的大值 */
}
```

其中:max 函数()称为函数名;x、y 是 max 函数的形式参数。主调函数在调用 max 函数时,通过 x、y 即可给 max 函数传递所需的参数。程序的第二句即对 x、y 进行声明,说明这两个变量为整数型。

程序中{}内的部分即为 max 函数的函数体。在函数体内,首先声明了一个变量 z,用于在函数体执行的过程中保存数据。接下来对参数 x、y 进行处理。分析 if 语句可以看出,这部分程序的目的是挑选出 x、y 中的最大值,并保存在变量 z 中。函数体最后的语句"return(z);"是将 z 的值作为返回值返回给主调函数。注意,在函数声明部分,max 已经被定义为 int 型,故而其返回值也必须是 int 型,所以 z 必须被定义成 int 型。

对于有参数函数的参数,可以在函数被声明之后定义(如上例),也可以在函数声明的同时被定义。例如以上的 max 函数,可以如下定义:

　　int max(int x,int y)

即在参数列表中列出参数的同时,定义其数据类型。两种方法是等效的。

三、空函数

空函数即函数体内没有要被执行的语句,在实际的应用中不起任何作用。形式如下:

类型说明符 函数名()

{ }

此类函数在编程过程中常起到提纲的作用。通常在需要设计某一个函数来实现一些功能的时候,会将该函数写成一个空函数的形式。在程序的整体框架完成之后,再往该空函数的函数体内加入所需的代码。

4.4.3　函数的返回值

有的时候,在调用一个函数之后,会希望获得该函数的执行结果,例如前面的 max 函数的 z。这样的一种数值,称为函数的返回值,又称函数值。下面对函数返回值做一些说明。

(1)函数的返回值是通过函数中的 return 语句返回的。return 语句将被调用函数中的一个确定值带回主调函数中去。如果希望被调用函数具有返回值,则该函数必须包含 return 语句,否则可以省略该语句。一个函数可以有不止一个 return 语句。程序执行到哪个 return 语句,就从该 return 语句处返回,并将该处的值作为返回值。

(2)函数值的类型。如果函数有返回值,这个值当然应属于某一个确定的类型。函数值的类型应当在函数被定义的时候同时被指定。例如:

```
int max(x,y);
float pow(x,2);
```

其中的 int 和 float 分别说明了 max()和 pow()这两个函数的返回值类型。实际上,函数的返回值的类型也称为函数的类型,即如果一个函数的返回值为整型,则该函数就被称之为整型函数。

(3)如果函数值的类型和 return 语句中的表达式的值不一致,将以函数类型为准,即将对 return 语句处的表达式的类型自动进行类型转换,转为函数的类型。如前面的 max 函数,如果将 max 函数声明成 float 型,则在执行 return 时将把 z 转成 float 型然后返回。例如:z 为 1,则函数的返回值就为 1.000000。

(4)如果被调函数中没有 return 语句,函数将返回给主调函数一个不确定的数值,该数值是用户所不希望的。例如前面的 max 函数改为:

```
int max(x,y)
int x,y;
{
int z;
if x>y z = x;
    else z = y;
}
```

如果在主调函数中作如下的调用:

```
main()
{
int rst;
rst = max(1,2);
printf("The rst is %d",rst);
}
```

其中,rst 接收了 max 的返回值。因为 max 中没有 return 语句,本来希望得到 z 的数值,即 1 和 2 两者中的最大值 2,但是,实际的运行结果为,rst 可能是一个随机的整数值。

(5)为了明确地表示一个函数为"无返回值"函数,可以使用"void"来定义"无类型"或"空类型"函数,"void"即为"空、无"的意思。如将上例中的 max 函数声明部分改为:

```
void max(x,y)
```

则该函数没有返回值,而且在主调函数中也不允许有变量来接收它的返回值,即不能出现:

```
rst = max(1,2)
```

但是,因为 max 函数的目的就是为了求解两个参数 x、y 中的最大值,如果求解的结果不返回的话,该函数将没有意义。所以,无返回值函数通常是用来定义那些不需要返回数据的函数,例如测试程序中的 function()和 icc()函数。该类函数通常在函数体内完成了所有的操作,程序不需要关心它的执行结果(即所测得的电流值或解得的码值)。在 icc()电流测试函数中,在函数体内即完成了电流值的测试和大小的判断,并进行了相应的失效处理,故而主函数 main 并不需要知道电流值的大小,而只需要根据该函数执行之后对程序变量所做的一些修改,决定对被测电路做失效处理还是继续测试它的其他功能。

4.4.4　函数的调用

函数的调用的程序如下例:

```
int printmax(int,int);
main()
{
int rst,a = 12,b = 15;(1)
    rst = printmax(a,b);  (2)
    printf("The max is %d\n",rst);(3)
}
int printmax(int x,int y)  (4)
{
int z;
if(x>y)z = x;
else z = y;
printf("The z is %d\n",z);  (5)
```

```
    return(z);   (6)
    }
```

程序分为两个部分，即 main( ) 和 printmax( ) 两个函数。main( ) 称为主函数，printmax() 则为用户自定义函数。

程序从 main() 函数开始执行。下面按照程序的执行顺序开始介绍。

(1)处定义了变量 rst，用于接收 printmax() 的返回值，此外还有两个变量 a、b，并分别赋予初值：12，15。(2)处进行函数 printmax() 的调用。注意 printmax() 的参数列表，变量 a、b 被当作参数传递给了 printmax() 函数。此时程序将跳到(4)处的 printmax() 函数的函数体内执行。(4)处定义了 printmax() 函数。该函数为整型，即具有整型的返回值，有两个参数 x、y，此时 x、y 分别等于了 main() 函数中的变量 a、b。函数内完成了选取两个参数中的最大值的操作，并将该最大值保存在变量 z 中。(5)处打印了该最大值。(6)处则将 z 作为 printmax() 的返回值，程序也从该处返回到调用 printmax() 函数的主调函数(main())中，并继续执行(2)后面的语句。(3)处则通过变量 rst 打印了 printmax() 的返回值。至此，程序便全部完成。

程序的执行结果如下：

```
the z is 15
the max is 15
```

4.4.5　全局变量和局部变量

一、局部变量

在一个函数内定义的变量是内部变量，它只在本函数范围内有效，也就是说只有在本函数内才能使用它们，在此函数以外是不能使用这些变量的，这称为"局部变量"。如：

```
    float f1(int a)                  /* 函数 f1 */
    {
        int b,c;                      a、b、c 有效
        ……
    }
    char f2(int x,int y)             /* 函数 f2 */
    {
        int i,j;                      x、y、i、j 有效
        ……
    }
                                     /* 主函数 */
    man( )
    {
        int m,n;                      m、n 有效
        ……
    }
```

说明：

（1）主函数 main()中定义的变量 m、n 也只在主函数中有效，而不因为是在主函数中定义而在整个文件或程序中有效；

（2）不同函数中可以使用相同名字的变量，它们代表不同的对象，互不干扰。例如在 f1 函数中定义了变量 b、c，在 f2 函数中也可以定义变量 b、c，它们在内存中占不同的单元，互不混淆。

（3）形式参数也是局部变量，例如 f1 函数中的变量 a，也只在 f1 函数内有效。

二、全局变量

在函数内定义的变量是局部变量，而在函数之外定义的变量称为外部变量。外部变量是全局变量。全局变量可以为本文件中其他函数所公用。它的有效范围为从定义变量的位置开始到本源文件结束。如：

```
int p = 1,q = 5;        /* 外部变量 */
float f1( int a)
{
    int b,c;
    ......
}
char c1,c2;             /* 外部变量 */
char f2(int x,int y)
{
    int i,j;
    ......
}
main()                  /* 主函数 */
    {
        int m,n;
        ......
    }
```

全局变量 p、q 作用范围

全局变量 c1、c2 作用范围

以上程序中 p、q、c1、c2 都是全局变量，但它们的作用范围不同，在 main 函数和 f2 函数中可以使用全局变量 p、q、c1、c2，但在 f1 函数中只能使用全局变量 p、q。

设全局变量的作用是增加了函数间数据联系的渠道。由于同一文件中的所有函数都能引用全局变量的值，因此，如果在一个函数中改变了全局变量的值，就能影响到其他函数，相当于各个函数间有直接的传递通道。由于函数的调用只能带回一个返回值，因此有时可以利用全局变量增加与函数联系的渠道，从函数得到一个以上的返回值。

4.4.6 常见错误

1.将函数的行参和函数中的局部变量一起定义

如：

```
max(x,y)
int x,y,z;
{
    z = x>y? x : y;
    return(z);
}
```

2. 所调用的函数在调用前未加说明

如：

```
main()
{
    float x,y,z;
    x = 3.5;y = - 7.6;
    z = max(x,y);
    printf(" % f",z);
}
float max(float x,float y)
{
    return(x>y? x : y)
}
```

3. 误认为行参值的改变会影响实参的值

如：

```
swap(int x,int y)
{
    int t;
    t = x;x = y;y = t;
}
main()
{
    int a,b;
    a = 3;b = 4;
    swap(a,b);
    printf(" % d, % d"a,b);
}
```

原意是通过 swap 函数使 a 和 b 的值进行对换,但实际上达不到目的。

4. 行参和实参类型不统一

如：

```
main()
{
```

```
        float x,y,z;
        x = 3.5;y = - 7.6;
        z = max(x,y);
        printf(" % f",z);
    }
    float max(int x,int y)
    {
        return(x>y? x : y)
    }
```

4.5　SC6122 测试程序简介

4.5.1　测试程序的整体认识

每个测试程序都是在一个共有的框架上建立起来的。这样的框架又是建立在功能模块测试方法的基础上的。目前大部分的电路采用的正是基于功能模块的测试方法。在已有的测试框架基础上,加上为被测电路设计的不同的测试模块,就构成了不同电路的测试程序。

下面是 SC6122 测试程序框架,目的是更清楚地看出整个程序的框架:

```
    # include ⟨dos.h⟩
    # include ⟨stdio.h⟩
    # include ⟨graphics.h⟩
    # include ⟨math.h⟩
    # include ⟨time.h⟩
    # include ⟨user.h⟩                    ←以上为头文件声明模块

    # define SIGNAL_PIN 1
    # define LAMP_PIN 3
    float vcc_l = 1.8;
    float vcc_h = 5.0;
    int pulse_1 = 8800;
    int pulse_2 = 2200;
    int pulse_3 = 600;                    ←以上为程序中用到的全局变量声明模块

    void Icc(void);
    void Function(void);
    unsigned int decode(char * pulsetype,unsigned int pin,unsigned int startpulse,
unsigned int pulsenum,unsigned int intervalnum,float waitnum);
    void S_put(int i,int j);
```

```
void D_put(int i,int j);
int RepeatKey(int i,int j);
void PrintCode(int i,int j);                    ←以上为函数声明模块
char str[] = {"cs"};                            ←声明解码所用测试板
void main()
    ifcard("pci");                              ←声明测试机与 PC 接口板类型
    terminal = "Handler1238";                   ←声明机械手类型
    ROW = 8;
    PARAMETER[0] = "SC6122 - 001 Ver2.5 time 3.3sec";
    PARAMETER[1] = " 1.ICC";
    PARAMETER[2] = " 2.OPERATING CURRENT";
    PARAMETER[3] = " 3.SINGLE_SHOT CODE";
    PARAMETER[4] = " 4.DOUBLE_KEY AND SEL_PIN";
    PARAMETER[5] = " 5.CUSTOM CODE";
    PARAMETER[6] = " 6.LMP";
    PARAMETER[7] = " 7.LOW VOLTAGE";
    PARAMETER[8] = " 8.WAVE PARA TEST";          ←以上为菜单定义和测试界面显示
/*    menu(); */
    judge = 0;                                   ←声明为判断测试
    displaymode = 0;                             ←声明为慢测
    finaltest = 1;                               ←声明为成品测试
    do {                                         ←主循环入口
        _opentimer();                            ←计时开始
        failflg = 0;                             ←失效标志位设为 0
        _test();                                 ←键盘输入及测试信号处理
        _dos_title("start",failflg);             ←显示测试数据(数量,合格率)
        Icc();                                   ←电流测试
        if(failflg! = 0)
        {
            failbin = 7;
            fail_number(failflg);
            continue;                            ←以上为电流测试失效处理
        }
        Function();                              ←功能测试
        if(failflg! = 0)
        {
            failbin = 7;
            fail_number(failflg);
            continue;                            ←以上为功能测试失效处理
        }
```

```
        _print_testtime();                    ←打印测试时间
        _dos_title("end",failflg);            ←合格率计算
        if(judge == 0)
        {
            passbin = 5;
            okpass();                          ←测试 pass 处理
        }
        else
        {
            failbin = 7;
            fail_number(1);                    ←不判断测试失效处理
        }
    }while(1);
                                              ←以上为主函数体模块
void Icc()
{
    ……
}
void Function()
{
    ……
}
void D_put(int i,int j)
{
    ……
}
void PrintCode(int i,int j)
{
    ……
}
unsigned int decode(char * pulsetype,unsigned int pin,unsigned int startpulse,
unsigned int pulsenum,unsigned int intervalnum,float waitnum)
    {
    ……
}                                              ←以上为函数程序模块
```

对于以上的程序,可以按照程序书写的顺序,简化描述为四个模块,如图 4-1 所示。

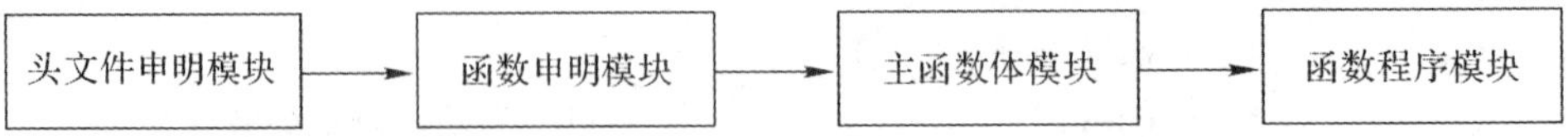

| 头文件申明模块 | → | 函数申明模块 | → | 主函数体模块 | → | 函数程序模块 |

图 4-1　函数程序模块

下面对每个模块一一介绍。

一、头文件申明模块

头文件是指以".h"结尾的包含有数据类型、变量和函数的原型的 C 源文件。例如平时常见的 user.h 文件。

每个头文件都对应着各自的一个或一些库文件。例如:digital1.h 对应着 digital1.c 文件,digital2.h 对应着 digital2.c,而 user.h 对应着 digital1.c、digital2.c、digital3.c 等 j8110 软件系统中所有的用户自定义库文件。

头文件可以看成是对其对应的库文件的说明。在其中可以看见该库文件中各个函数的声明、使用到的各种数据类型和变量。函数的原型存在于库文件中。无论是函数,还是各种数据类型和变量,都是供给程序员编写程序时使用。只是由于 C 在编译所编写的程序时的需要,所以程序员想使用某一个库文件中的函数,就必须在程序的开头将该库文件的头文件包含进程序。这样 C 系统就可以根据头文件到所对应的库文件中查找用到的函数原型。

包含头文件的方法很简单,就是使用关键字 ♯include。例如前面 SC6121 头文件声明模块中的:

　　　　♯include <user.h>

这样 C 系统编译该测试程序时,就知道该程序中将要用到 user.h 中声明的函数、变量或类型,并且按照一定的方法去查找。

二、函数声明模块

由前面的程序可知,该模块位于 main 函数的前面,其内声明了 icc()、put()、function() 等函数,定义了函数的类型(返回值类型)、函数名称、函数的参数及其类型。但是其函数原型并未给出。在此处给出了程序中用到的函数的声明,可以告诉 C 编译系统,这些函数将返回一些什么值、有一些什么参数,这样,编译系统就能产生调用这些函数的正确代码。

事实上,函数并不一定要在 main 函数之前进行声明。如果所定义的函数的返回值是整型值或函数为 void 型,则该函数不需要在 main 函数之前说明,编译系统会在编译时自动将其认为是整型返回值。但是如果所定义的函数为非整型返回值函数,就需要在 main 函数之前进行声明,否则编译系统会将其按照整型返回值处理,导致编译过程产生错误的函数调用代码。

三、主函数体模块

1. 流程图

主函数体流程图如图 4-2 所示。

2. 菜单定义

这一部分完成了测试终端的配置和测试界面上失效内容的定义。

"terminal="Handler1238""即定义测试程序控制的测试终端为机械手。这一项如果在芯片测试部门,就被配置成为探针台。

"ROW=8"即告诉测试程序,测试失效内容有 8 项。测试程序根据该变量的数值分配 PARAMETER[]数组,并进行界面的设计,画出足够的框格供显示 PARAMETER[]数组中定义的失效内容。

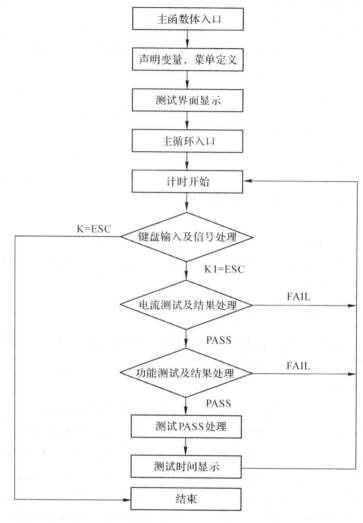

图 4-2　主函数体流程图

后面的 PARAMETER[]数组定义的失效内容分别为静态电流、工作电流、单键码、双键码、用户码、指示灯、低压测试和载波测试。

其后为 menu()函数调用。menu()函数在 digital2.c 中有函数原型,被作为库函数提供给程序设计人员使用。该函数根据 PARAMETER[]的内容,显示出测试的界面。其中,PARAMETER[0]被作为标题显示在测试界面的顶端。

3. 主循环

主循环使用 do-while 语句完成。只是 while 语句没有设定循环条件。因为它的参数为1,即测试程序执行到此处,将无条件回到循环的开头,重新开始测试。这一点在测试中是需要的,因为测试程序完成一个电路的测试后,需要回到测试开头,自动开始下一个电路的测试。如此周而复始,直到用户按下 ESC 键,强制测试结束。

循环开始,首先调用 opentimer()函数,获得测试起始时间值,为后面测试时间计算做准备。

在循环开头有"failflg＝0；"failflg 是一个公有变量，它的定义在 user.h 中，用于存储电路失效的代号，例如电流失效为 1、单键失效为 2 等。该变量对整个测试程序都是可见的，故后面的测试函数 icc() 和 function() 都可以根据自身对电路的测试结果，在相应的测试失效处给该变量赋予一个失效代号。如程序中：

```
if((CodeBytes[0]!＝0x55aa)||(CodeBytes[1]!＝0x19e6)||(CodeBytes[2]!＝0x0))
{           if(displaymode＝＝0)
            printf("\nKey(1,7)'s code is error in low voltage.\n",i);
            if(judge＝＝0)    {    failflg＝7;    return;    }
}
```

failflg 被定义为 7，表明被测电路失效代号为 7。

主循环在每个测试函数完成后，判断电路是失效还是合格就是通过该变量的数值完成的。例如主循环中 function() 函数后面的失效处理：

```
if(failflg!＝0)
{
    failbin＝7;
    fail_number(failflg);
    continue;
}
```

在 function() 函数里，如果碰到某一项测试失效，就会对 failflg 赋值，然后中止函数；主循环比较 failflg 的值，如果不为 0，则设置分 bin 号（failbin），进行功能测试失效计数 fail_number(x)，并结束本次循环 continue，不再进行后面的测试和判断，而立即返回循环开头。failbin 用于 test() 函数给机械手发送分 bin 信号。fail_number(x) 函数修改对应失效项的计数变量，用于 test() 函数进行界面刷新。

passflg 在 LK8810 的库中作为一个公有变量被定义，作用是给机械手进行测试计数，用于进行合格品满管时的分管数量控制。该变量和 Passbin 一起通过 Okpass() 函数发给机械手，在每个主循环的最后都需要有诸如：

```
Passbin＝6;
Okpass();
```

作为机械手对电路的分 bin 依据。

其后是键盘输入及测试信号处理，该操作使用 test() 函数完成。该函数在 digital2.c 中有定义，主要完成用户键盘输入、机械手通讯及 ctrl＋z 菜单显示。

循环执行到此处，进入 test() 函数。函数首先将 failbin 的数值发送给机械手，告诉机械手被测电路是做失效还是合格处理。然后，进行测试界面的刷新。如果测试处在快测状态，界面上显示相应的测试项名称和对应的最新的测试失效数的图形文字，从而完成图形化显示测试失效计数。慢测下则不进行任何操作。

之后判断用户是否有键盘输入，如果用户输入了 ESC 键，则函数就结束测试程序，并让计算机返回到 dos 状态。如果用户输入了 ctrl＋z，则显示测试菜单，供用户选择进行快测、慢测或不判断测试等测试方式的切换。

在完成了用户键盘输入处理之后,test()函数将等待测试开始信号。该信号可以从用户输入获得,也可以从机械手获得。如果用户输入了 F1 键,或者机械手在夹持好电路之后,产生一个测试开始脉冲,test()函数就结束等待,并从函数返回到主循环当中,主循环就可以进行其后的电路测试。

接着是 icc()和 function()这两个电流和功能测试的函数,和测试时间打印函数调用。

注意:在打印时间之前,有一个判断语句"if(displaymode==0)",displaymode 是测试界面显示方式标志。如果该标志为 0,表示当前测试处在慢测状态,屏幕处于文字显示方式,可以使用 printf 在屏幕上打印信息。如果为 1,则表示处在快测状态,屏幕处于图形显示方式,不可以打印字幕。此处使用这一判断语句,目的是使时间信息只在慢测状态下才被打印出来。

该判断语句在后面的 function 函数中几乎所有的 printf 语句之前都会用到,其目的和此处是一样的。

四、函数程序模块

每个产品的函数程序模块均不一样,不一一说明。

4.5.2 一些函数说明

目前 MCU 遥控器电路由于模式多,解码方法也各不一样,因此常用的解码程序不是普通遥控器的 S_put()和 decode()函数。程序一般采用 Code_test()函数,如下:

```
void Code_Test(int x,int y,int h_c,int c_n,int r_n,int c_m,int d_t)
{
    unsigned int k,num_1,num_0,numcmp,countrst,current_pos;
    unsigned long int count = 0;
    _turn_key("on",x,y);
    while((_rdcmppin(1) == 0)&&(count++ <20000));
    if(count> = 20000)
        return;              ←以上程序为按键之后等待电路发码,如果 200ms 左右
                              之后依然没有发码,则中断解码函数,其中有一个漏
                              洞,你看出来了吗?
    switch(c_m)
    {
        case 1:     demoder1(h_c,c_n,1);      break;
        case 2:     demoder2(h_c,c_n,1);      break;
        case 3:     demoder3(h_c,c_n,1);      break;
    }                        ←以上为根据不同的模式,选用不同的解码子函数
    if(r_n! = 0)             ←r_n 参数是是否需要测试码宽的标记
    {
        pb[0] = _maxpulse(3,c_n,1);
```

```
        pb[1] = _minpulse(3,c_n,1);
        pb[2] = _maxpulse(2,c_n,1);
        pb[3] = _minpulse(2,c_n,1);          ←以上为计算最宽或最窄的高低电平
        _wait(d_t);                          ←不同的模式,连续码等待时间不一样
        count = 0;
        while((_rdcmppin(1) = = 0)&&(count + + <50000));
        if(count> = 50000)
        {
            _turn_key("off",x,y);
            printf(" % d",count);
            return;
        }                        ←以上程序为等待连续码发出,如果没有则中断程序
        switch(c_m)
        {
            case 1 : demoder1(0,r_n,0); break;
            case 2 : demoder1(0,r_n,0); break;
            case 3 : demoder1(0,r_n,0); break;
        }                        ←不同模式,采用不同的解码方式
        _turn_key("off",x,y);
        for(k = 0;k<r_n;k + + )
        {
            rpb[k] = CodePulse[k];
        }                        ←r_n 参数同时是需要计数的连续码电平个数
    else
        _turn_key("off",x,y);
}
```

函数调用的参数有 x、y、h_c、c_n、r_n、c_m、d_t,其作用如下:

- x、y:给出所需测试的按键位置;
- h_c:给出所需解码的起始电平位置;
- c_n:给出所需解码的结束电平位置;
- r_n:给出是否需要测试码宽和所需计数的连续码电平个数;
- c_m:给出所需解码的模式;
- d_t:给出所需解码的模式的连续码等待时间。

玩具车和风扇电路中有一个模拟发码的函数,如下:

```
for(i = 0;i<12;i + + )
{
    if((temp & 0x8000) = = 0x8000 )
    {
        SetPin("L",16,15,1200);
```

```
            SetPin("H",16,15,400);
        }
        else
        {
            SetPin("L",16,15,400);
            SetPin("H",16,15,1200);
        ←16 代表基准时钟脚,15 代表发码脚,1200 代表时间
        }
        temp<< = 1;
    }
```

上面程序中有一个 temp 变量,该变量为我们所需发码的码值,比如是 010011001111B。程序一开始比较最高位,根据码值不同,调用不同的 SetPin() 函数。SetPin() 函数如下:

```
    void SetPin(unsigned char * status,unsigned char clk_pin,unsigned char signal_pin,
unsigned int time)
    {
        unsigned int pinstate;
        unsigned int temp1 = 0x8000;
        temp1 >> = (16 - signal_pin);
        pinstate = inport(320);
        if(strcmp(status,"H") == 0)
            pinstate | = temp1;
        else pinstate & = (～temp1);
        _outsubport1(0x78,pinstate);   ← 以上程序为 C 语言编写,其意思等同于 _set_
                                           drvppin( * status,15,0),不同之处在于使用以
                                           上程序在执行速度上更快。
        if(time ! = 0)
            SetTime(clk_pin,time);
    }
```

函数最后调用了 SetTime() 函数,用来确定时间长短,程序如下:

```
    while(time)
    {
        i = 0;
        while(_rdcmpbus(clk_pin) == 1 && i + + <100);
        if(i> = 100)
            return 0;
        i = 0;
        while(_rdcmpbus(clk_pin) == 0 && i + + <100);
        if(i> = 100)
```

```
        return 0;
    time-- ;
}
```

　　上述程序合在一起,就构成了这样的情况:根据 PIN16 脚处的时钟信号,在 PIN1 脚给出不同宽度的高低电平,电平的宽度由 temp 决定。

第5章　常用电子元器件及常用测试仪器

5.1　常用电子元器件

5.1.1　电阻

一、电阻的类型

常用的电阻类型有碳膜电阻、金属膜电阻、水泥电阻和线绕电阻。

二、电阻的参数

常用电阻的参数分为 1/16W、1/8W、1/4W、1/2W、1W、2W、3W 等。

三、色环定义

电阻上一般都标有色环,用来表示其电阻值。这些色环的颜色有棕、红、橙、黄、绿、蓝、紫、灰、白、黑、金、银,分别对应数字 1、2、3、4、5、6、7、8、9、0、−1、−2。

四、阻值读法

电阻元件的阻值有三种读法:直接读数、4 环、5 环。

4 环读法定义:(第 1 环 第 2 环)×10 的指数次方(指数为第 3 环值)。

5 环读法定义:(第 1 环 第 2 环 第 3 环)×10 的指数次方(指数为第 4 环值)。

5.1.2　电容

一、电容的类型

常用的电容分成极性电容和无极性电容两类。极性电容包括电解电容、钽电容。无极性电容包括瓷片电容、独石电容、涤纶电容、CBB 电容、低介质电容、云母电容等,常用的是前 4 种。

二、电容的参数

电容的参数主要有耐压与容量值。

5.1.3　二极管

一、二极管的类型

二极管包括整流二极管、小电流二极管、锗二极管、硅二极管、肖特基二极管、特殊稳压二极管。常用的有 IN4001—IN4007 整流管、4148 小电流管。

二、二极管的参数

二极管的主要参数有允许通过的电流值、反向耐压、响应频率、正向下降、稳压管还有稳压值。

5.1.4　三极管

一、三极管的类型

三极管包括 NPN 三极管、PNP 三极管、小功率管、中功率管、大功率管、高频管等。常用的有 9011、9012、9013、9014、9015、9018、8050、8550。

二、三极管的参数

三极管的参数主要有允许通过电流值、耐压、响应频率、饱和压降、功耗、放大倍数等。

5.2　芯片测试常用传感器

5.2.1　光电管

光电管又称为发光二极管,其由发射管和接收管组成。

一、光电管的引脚正负判别和接法

(1)正负判别

光电管的形状如图 5-1 所示,管子的正端为小头长脚,负端为大头短脚,有缺口。

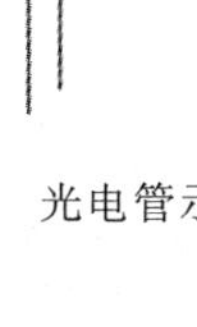

图 5-1　光电管示意图

(2)引脚接法

在测试仪器中,用作发射管的光电管的引脚接法是:正端接彩线,负端接黑线;用作接收管的光电管的引脚接法是:正端接黑线,负端接彩线。一般情况下,机器的正面是接收管,反面是发射管,但也有反过来的,所以更换时应注意。

二、区分发射管和接收管

将万用表置二极管挡(" ▷| "),用表笔接触管子的引脚。

第一步:红表笔接正脚,黑表笔接负脚;红表笔接负脚,黑表笔接正脚,读数都为"∞"的为接收管。接收管在接收到发射管发出的光线时导通,导通电压约为 0.1V,不受光线影响时电压约为 23V。

第二步:红表笔接正脚,黑表笔接负脚,读数为"1k"左右;红表笔接负脚,黑表笔接正脚,读数为"∞",表明管子为发射管。发射管的导通电压约为 1.1V。

5.2.2　磁电传感器

磁电传感器的作用是将磁信号转换成电信号,用于判断气缸的行程。磁电传感器上有指示灯来指示传感器的工作状态。

5.2.3　光电传感器

光电传感器通常由发射和接收两部分组成,可分为一体型和分开型两种(如图 5-2 所示),其作用是将光信号转换成电信号。图 5-3 所示为光电传感器的内部接线图。

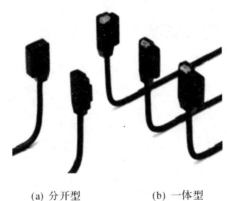

(a) 分开型　　　　　　　　(b) 一体型

图 5-2　光电传感器

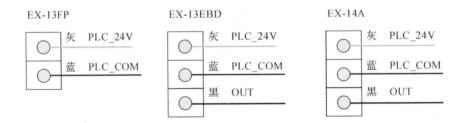

图 5-3　光电传感器内部接线图

关于光电传感器有几点说明：

（1）当接收用的传感器接收到发射信号后，内部管子导通，输出为高电平；反之为低电平。

（2）当接收到发射信号后，接收用的光电传感器绿灯亮，反之绿灯和红灯同时亮。

（3）若接收用的光电传感器绿灯和红灯同时灭，此时传感器能接收到发射信号，但该信号较为微弱，正常使用时请不要将传感器调至该状态。

5.2.4　接近开关

接近开关的工作电路图如图 5-4 所示。V_{cc} 通过电阻使发光二极管 VD 导通发光，同时 VU 对着 VD，如果接收到光，VU 导通，三极管 T 也导通，输出高电平；反之，输出低电平。

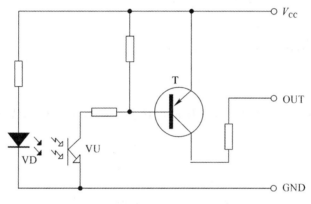

图 5-4　接近开关工作电路图

5.3　常用测试仪器

5.3.1　示波器

一、概述

示波器主要是用来显示电压随时间而变化的关系。

二、功能描述

示波器有以下常用操作与功能：

（1）左右移动旋扭，使波形沿水平方向移动。

（2）上下移动旋钮，使波形沿垂直方向移动。

（3）输入通道显示选择按键：每个通道各有一个选择键，按一次就显示该通道的输入波形，再按一次就关闭该通道显示的波形。

（4）垂直电压量程旋钮：该旋钮是用来调节垂直方向每格的电压值，每个通道各有一个旋钮。

（5）水平方向扫描时间量程旋钮：该旋钮是用来指示水平方向每格的扫描时间值。所有通道共用一个旋钮。

（6）存储功能：存储当前屏幕显示的波形，可选择需要存储的通道和存放的通道。

（7）自动测量功能：示波器能自动测量某通道输入波形的峰峰值、有效值、平均值、频率、周期等参数。

（8）手动测量功能：利用通道 1 和通道 2 垂直方向移动旋钮，测量显示波形的峰峰值、频率、时间等参数。

（9）触发方式的选择：为了能得到理想的显示波形，可选择自动、正常、单次等不同的触发方式。

（10）触发电平旋钮：为了使输出波形能稳定显示，可调节触发电平值，使触发点处在波形显示范围内。

5.3.2　稳压电源

一、概述

稳压电源是能提供稳定的直流电压的电源。稳压电源分模拟线性电源和数字程控电源。

二、功能描述

稳压电源有以下常用操作与功能：

（1）电压调节旋钮，调节所需要的直流电压，范围为 0～30V。

（2）电压增加键，按住此键，输出电压可连续增加。

（3）电压减小键，按住此键，输出电压可连续减小。

（4）电压输出/关闭键，按一下该键，使电压输出许可，再按一下该键，使电压输出关闭。

5.3.3　低频信号发生器

一、概述

低频信号发生器是能提供多种波形输出的信号源。

二、功能描述

低频信号发生器常用的功能如下：

（1）功能选择键，可选择方波、锯齿波、正弦波。

（2）频率选择键，可选择输出波形频率量程。

（3）频率调节旋钮，可在选择频率量程内进行微调，输出所需要的频率。

（4）幅度选择键，可选择输出波形电压幅度量程。

（5）幅度调节旋钮，可在选择电压幅度量程内进行微调，进行微调输出。

5.3.4　高频信号发生器

一、概述

高频信号发生器是一种能够输出 AM/FM 高频信号的信号源。

二、功能描述

高频信号发生器常用的功能如下：

（1）设置信号调制度。通过屏幕下面的按钮，可以设置 0～100％的调制度，可以改变调制信号的强弱。调制信号频率有 1kHz 和 400kHz。

（2）设置信号频率。先用屏幕下面的按钮来选定某位的频率，然后旋转旋钮可以设置信号发生器选定的那个位的信号频率，也可以使用屏幕下面的数值键直接设置该位的数值，范围可以在几百兆赫兹到几百千赫兹之间变化。

（3）设置信号幅度。旋转按钮可以设置信号发生器的信号幅度，也可以通过屏幕下面的 AM/FM 切换按钮实现 AM/FM 状态切换功能。

（4）ADDRESS 通道设置和记忆功能。屏幕下面有四个按钮，分别控制个位、十位的递增和递减，如果还想使用记忆功能的话，可先把调制度、频率、幅度和通道号设置成需要的数值，然后按 STO 和 ENT 保存。下次如果需要的话，可以直接选择通道号调用各项参数的数据。

（5）立体声左右声道切换。依次按下屏幕下面的 MAIN 和 PILOT 键就可切换到立体声信号状态，如果想切换立体声左右声道，可以按 LEFT 和 RIGHT 按钮。

（6）通道之间的切换。如果要想在 MOD、FREQ、LEVEL 之间进行切换和设置数值，可以使用 CURSOR 的四个按钮和旋钮。外面两个按钮是用来切换各个通道的，中间两个按钮是用来切换某个通道的位数的。按钮下面的旋钮可以改变选定的位的数值，顺时针是递增，逆时针是递减。

封 装 篇

第6章 集成电路生产制造流程

6.1 集成电路流片工艺流程

1.氧化

氧化工艺示意图见图 6-1。

图 6-1 氧化工艺示意图

2.光刻、埋层磷离子注入

光刻、埋层磷离子注入工艺示意图见图 6-2。

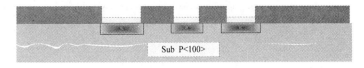

图 6-2 光刻、埋层磷离子注入工艺示意图

3.硼离子注入、去除氧化层

硼离子注入、去除氧化层工艺示意图见图 6-3。

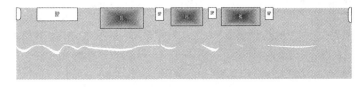

图 6-3 硼离子注入、去除氧化层工艺示意图

4.外延

外延工艺示意图见图 6-4。

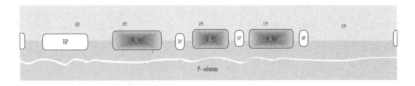

图 6-4 外延工艺示意图

5.做隔离墙和双阱

做隔离墙和双阱(P 阱和 N 阱)工艺示意图见图 6-5。

图 6-5 做隔离墙和双阱(P 阱和 N 阱)工艺示意图

6.淀积氮化硅

淀积氮化硅工艺示意图见图 6-6。

图 6-6 淀积氮化硅工艺示意图

7.氮化硅光刻、选择性氧化

氮化硅光刻、选择性氧化工艺示意图见图 6-7。

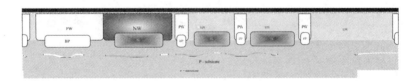

图 6-7 氮化硅光刻、选择性氧化工艺示意图

8.选择性氧化结果(表面隔离)

选择性氧化结果(表面隔离)如图 6-8 所示。

图 6-8 选择性氧化(表面隔离)结果

9. 硼注入

硼注入工艺示意图见图 6-9。

图 6-9　硼注入工艺示意图

10. 多晶硅淀积

多晶硅淀积工艺示意图见图 6-10。

图 6-10　多晶硅淀积工艺示意图

11. 硼注入、磷注入

硼注入、磷注入工艺示意图见图 6-11。

图 6-11　硼注入、磷注入工艺示意图

12. 淀积磷硅玻璃

淀积磷硅玻璃工艺示意图见图 6-12。

图 6-12　淀积磷硅玻璃工艺示意图

13. 刻引线孔、溅射铝

刻引线孔、溅射铝工艺示意图见图 6-13。

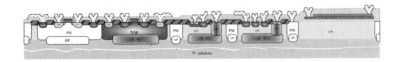

图 6-13　刻引线孔、溅射铝工艺示意图

14. 淀积膜层(SION)、刻引线孔

淀积膜层(SION)、刻引线孔工艺示意图见图 6-14。

图 6-14　淀积膜层（SION）、刻引线孔工艺示意图

15. 淀积金属膜层

淀积金属膜层工艺示意图见图 6-15。

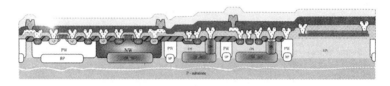

图 6-15　淀积金属膜层工艺示意图

6.2　集成电路封装工艺流程

6.2.1　集成电路封装

一、集成电路的封装产品

区别于分立器件，集成电路（IC）是利用平面工艺，并采用先进的光刻技术和扩散、离子注入技术，将一系列的功能单元集成在一起来实现电参数和功能的芯片，其经过中测、封装、测试，最后形成产品单元（如图 6-16 所示）。

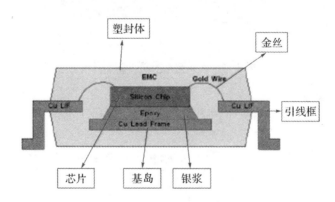

图 6-16　SOP 产品剖面图

二、形式多样的集成电路

图 6-17 和图 6-18 给出了各种形式的集成电路的外形及相应的型号。

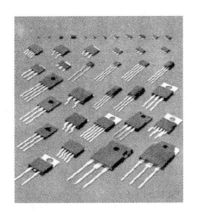

图 6-17　各种形式的集成电路外形

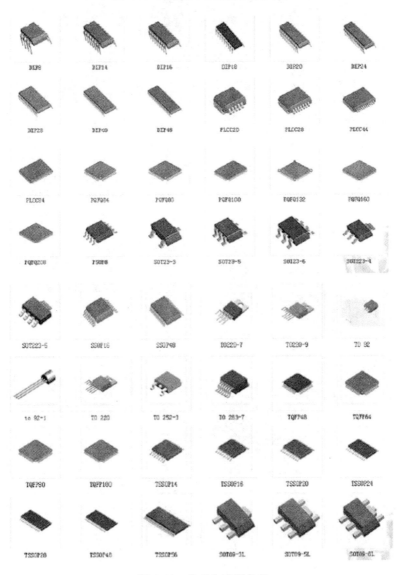

图 6-18　集成电路型号图

6.2.2　集成电路封装工艺流程

一、集成电路封装工艺

DIP/SOP/QFP 传统芯片封装工艺流程为：晶圆检验—磨片—划片—装片—焊线—塑封—后固化—冲塑切筋—镀锡—镀锡检验—打印—切筋成形—外观检查—测试—包装—包装检验。

1. 晶圆检验

晶圆检验工艺如图 6-19 所示。

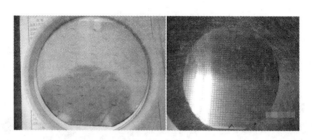

图 6-19　晶圆检验工艺

2. 磨片

磨片工艺如图 6-20 所示。磨片步骤：正面贴胶膜（见图 6-20（a））—减薄（见图 6-20（b））—去正面胶膜（见图 6-20（c））。

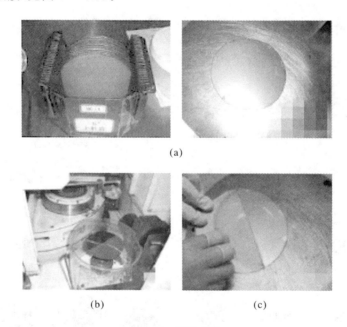

(a)

(b)　　　　　　　　(c)

图 6-20　磨片工艺

3. 划片

划片工艺如图 6-21 所示。

(a) 划片前贴片　　　　　　　(b) 划片　　　　　　　(c) 划片后结果

图 6-21　划片工艺

4. 装片

装片工艺如图 6-22 所示。

图 6-22　装片工艺

5. 焊线

焊线工艺如图 6-23 所示。

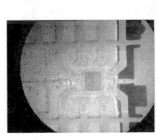

图 6-23　焊线工艺

6.塑封

塑封工艺如图 6-24 所示。

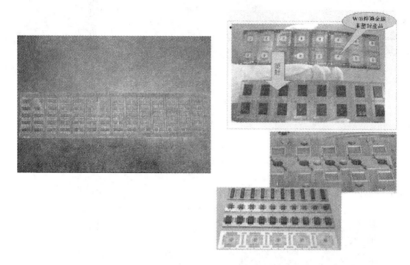

图 6-24　塑封工艺

7.冲塑切筋

冲塑切筋工艺(不同的产品冲塑切筋流程不一样)如图 6-25 所示。

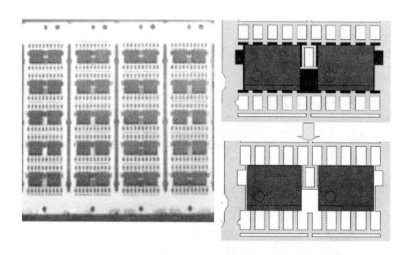

图 6-25　冲塑切筋工艺

8.镀锡

镀锡工艺如图 6-26 所示。

图 6-26　镀锡工艺

9.打印

打印工艺如图 6-27 所示。

图 6-27　打印

10.切筋成形

切筋成形工艺如图 6-28 所示。

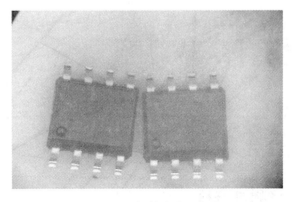

图 6-28　切筋成形工艺

二、集成电路封装流程

集成电路封装流程(含 QA GATE)如图 6-29 所示。

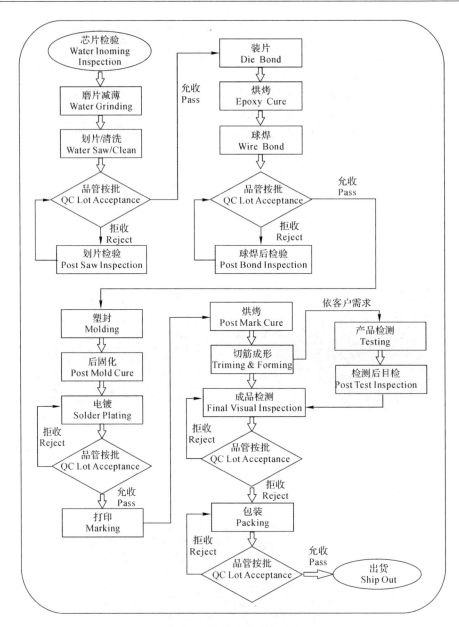

图 6-29　集成电路封装流程

6.3　集成电路测试流程

6.3.1　芯片测试流程

一、芯片测试流程

芯片测试流程如图 6-30 所示。

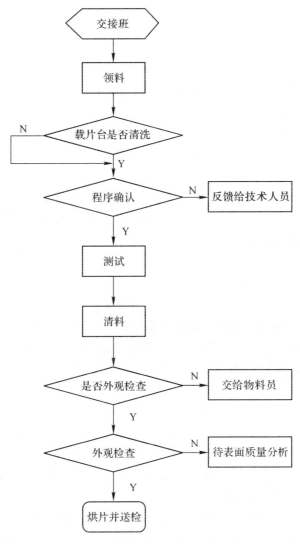

图 6-30　芯片测试流程

1. 着装

所有人员进芯片测试车间都须穿着防静电工作衣、帽、鞋及口罩,并按规定戴好发罩。

2. 交接班

(1)交班人员向接班人员逐台说明机位情况,并强调要点。具体应包括以下四点内容:

1)芯片测试率情况;

2)测试程序名;

3)设备状况和常见故障;

4)是否清料后换测或优先测等各种特殊因素。

(2)接班人员检查测试机台上的芯片是否跟随件单所写的芯片名称、批号、片数相同,有无破片;还要检查作业前、作业后有无混批。交班人员填写《芯片测试机位记录表》,计算当班的测试产量,接班人员对交接记录进行签字确认。

3.测试前准备

(1)要求在上一批次测试完以后进行,无调试等特殊原因同一机台不能同时存放两个批次的芯片。

(2)测试人员根据生产安排领取待测芯片,具体操作为:到"物流状态牌"对应品种的"待测"栏领取最前面一张"物流标识牌",按"物流标识牌"上的编号到待测品柜侧面找到该品种随件单放置的对应区域,找该品种的随件单。

(3)根据随件单上标签所注明的芯片存放位置号找到该批芯片,核对待测品芯片盒上标签与《芯片测试随件单》上条形码标签的品种名称、批号、片数是否一致。若不一致,应立即反馈给物料员。

(4)测试员根据《芯片测试随件单》在 ERP 中做该品种的测试"批次移入"操作。

(5)测试人员将核对无误的待测芯片放到机台对应"作业前"区域,准备测试。

(6)载片台和工具的清洗。

4.具体操作

具体操作见《芯片表面质量控制规范》。

(1)测试程序确认:

生产保障组技术人员在品种换测或品种换批时应在《芯片测试随件单》的"程序调用"一栏签名。测试员在每班接班后,需检查在测测试程序和《芯片测试随件单》上程序的一致性,并在《芯片测试机位记录》上填写在测测试程序。若程序不一致,应及时反馈给技术人员。

(2)测试。

(3)拿取芯片:

1)在需用人工拿取芯片时,必须双手戴手套,一手执专用芯片镊子拿取,严禁裸手直接接触芯片正面。

2)放置芯片于载片台时需注意放置位置尽量保持在载片台中央,芯片平边方向根据探针卡上标签标识的芯片平边方向放置。

(4)对于自动上下片工位,测试人员应关注上下片时是否正常。

(5)对位。具体操作详见《EG2001XEG2010XEG3001X 探针台操作规程》和《KLA 探针台操作规程》。

(6)测试程序、品种、批号、片号输入操作以及表单填写:

1)根据测试要求和《芯片测试随件单》上打印的信息,在测试机测试系统里输入品种、批号、片号等相关信息,然后开测。

2)在《芯片测试机位记录》上填写日期、班次、测试品种、批号、工位号等信息。

5.数据记录

(1)按测试机上显示,记录对应片号的合格数、合格率和失效分项。

(2)测试时若因有异常而中断时,在重新启动测试系统之前,应及时填写《芯片测试中断记录单》,整片芯片测试完以后,测试员需填写"合计"相关栏。

(3)测试过程中异常监控。

6.表面质量监控

在测试过程中测试员要做好自检工作,具体按《芯片表面质量控制规范》文件要求进行监控。

7.合格率监控

在测试过程中测试员要做好自检工作,具体按《IC 芯片测试合格率控制规范》文件要求进行监控。

8.悬挂标识牌

测试过程中,工位上应及时挂相应的标识牌,具体如下:

(1)"测试"——工位处于正常测试状态;

(2)"闲置"——工位上原所测产品后续无料,处于无生产安排状态;

(3)"待料"——工位上原所测的产品后续还有来料;

(4)"异常"——工位故障导致停测;

(5)"调试"——工程技术人员调试程序或分析芯片时;

(6)"维修"——工位上维修设备故障;

(7)"暂停"——机台处于有品种安排测试但因人员不够而需停机状态;

(8)"加急/特急"——机台因生产要求测试急件/特急件类品种时。

9.超过 2 年芯片出货时的抽测

超过 2 年的芯片需出货时,由库房管理员通知生产调度,物料员根据《测试部芯片测试物流作业规范》文件进行提料,但需在《芯片测试随件单》备注栏上注明"超过 2 年芯片抽测"。

测试员按测试领料流程进行领料,倒班主管安排工程技术人员进行抽测。

(1)工程技术人员重新调用测试程序,抽测时需对每片芯片进行抽测,并在芯片测试记录单上填写抽测记录,抽测合格的入库,抽测有 1 颗不合格就判为不合格,整批芯片进行复测。

(2)具体抽测标准为:对有效管芯<5000 颗的芯片,在上、下、左、右、中 5 个区域各抽 5颗;对有效管芯≥5000 颗的芯片,在上、下、左、右、中 5 个区域各抽 8 颗。

10.测试清料

(1)整批测试完后,测试员应保证测试数据的原始记录无误。

(2)对需要进行第二遍测试的芯片,测试员测好后应将芯片连同《芯片测试随件单》、《芯片测试记录单》一起送物料操作中转区,物料员进行测试批次移出操作。

(3)待测第二遍的芯片,由物料员将芯片放相应品种待测第二遍测试的柜子,并将《芯片测试随件单》、《芯片测试记录单》挂在对应的夹子上,对应的"物流标识牌"放在物流状态牌上对应的待测一栏中。

(4)完成测试的芯片,测试员将已测品花篮放置在"待外观检查"区。

(5)将待测花篮上的条形码撕下,取一张对应区域的"物流标识牌"贴上条形码,插入"物流状态牌"对应品种的"外检"栏里;《芯片测试记录单》附在《芯片测试随件单》后,并用订书机订好夹在对应区域的文件夹上。测试员根据生产安排,重新领料测试。

11.外观检查

外观检查按照《集成电路芯片表面检验标准》、《圆片(PAD)扎针检验标准》进行。

(1)外观检查员领料时先在"物流状态牌"上找到该品种,在对应的"外检"栏中取一张"物流标识牌"。

(2)按牌上的编号到待检区域找到该品种的随件单和相应实物。

(3)核对已测品花篮条形码标签上的品种名称、批号和《芯片测试随件单》条形码标签的品种名称、批号是否一致,并核对实物片数和《芯片测试随件单》上片数是否一致,并将"物流标识牌"放回对应区域的夹子里。

(4)外观检查后,在《芯片测试记录单》上记录每片剔除的数量,同时在测试随件单上记录检查结果,将实物送"待烘区",《芯片测试随件单》夹在对应区域的文件夹上。

(5)外观检验时在《芯片测试外观检查日报表》上记录所检的批号、片数、异常芯片的片号、测试的机台号和外观检查的状况,并盖上检查人印章。

(6)外观检查有异常的芯片,如果是当班测试员测试的,立即通知测试员确认;如果不是当班测试员测试的,则通知该工位当班的测试员,确认现场测试是否正常。

(7)外观检查不能确认的表面质量问题,白班由测试部质量技术员负责当场确认,夜班暂放"表面质量待处理品"柜中,同时将对应的"物流标识牌"插入"物流状态牌"对应品种的"保留"栏里,《芯片测试随件单》夹在柜子对应区域的文件夹上,待测试部质量技术员分析确认。

(8)"表面质量待处理品"柜中芯片批次在处理完"急件"和"特急件"后优先处理。

12.存储类产品芯片擦除

存储类产品测试要求详见《存储类产品管理规范》。擦除要求根据《芯片测试随件单》上流程进行。擦除后将记录填写在《芯片测试随件单》上。紫外线擦除具体操作详见《紫外线擦除仪操作规程》。

13.烘片并送镜检

(1)具体烘片要求见《IC 芯片测试合格率控制规范》和《芯片烘片操作规范》。

(2)芯片烘烤好后,已烘芯片装回原已测品花篮中,装上中性芯片外盒。

(3)打印对应的芯片测试数据,用订书机订在《芯片测试随件单》后,连同实物一起送镜检或保留品柜,同时插上相应的物流标识牌。

(4)物料员在 ERP 上做"测试移出"或"批次暂缓"操作。

二、成品测试流程

成品测试流程如图 6-31 所示。

1.交接班

(1)操作人员应提前 30 分钟进入车间,将个人所属的责任区域打扫干净,查看测试设备的连线和自动分选机的测试夹具完好性,然后填写《测试设备一级维护保养记录表》。

(2)交班人员向接班人员逐工位说明测试情况,并强调要点,具体应包括以下八点内容:1)电路管脚情况;2)当前测试批次情况;3)待测试批次情况;4)测试程序名;5)是否分档和分档情况;6)成品率情况;7)设备状况和常见故障;8)是否清料后换测或优先测等各种特殊因素。

(3)交班人员清理本工位,包括工位附近电路及工位工具,并填写《成品测试机位记录》和《测试随件单》,计算当班的测试产量。

2.物料员领料

(1)要求在测试工位上一批次清料并确定不需要当场进行抽检后才能将下一批料领到工位上,无特殊原因一个工位一次只能有一批电路进行测试。

(2)物料员根据《生产排产单》和倒班主管的生产指令领取待测电路,具体操作为:到"物流状态标识牌"对应品种的"待测"栏取最前面一张货架箱号牌,按照牌子上的货架号和箱号将周转箱搬至工位前,同时核对其测试流程的正确性。

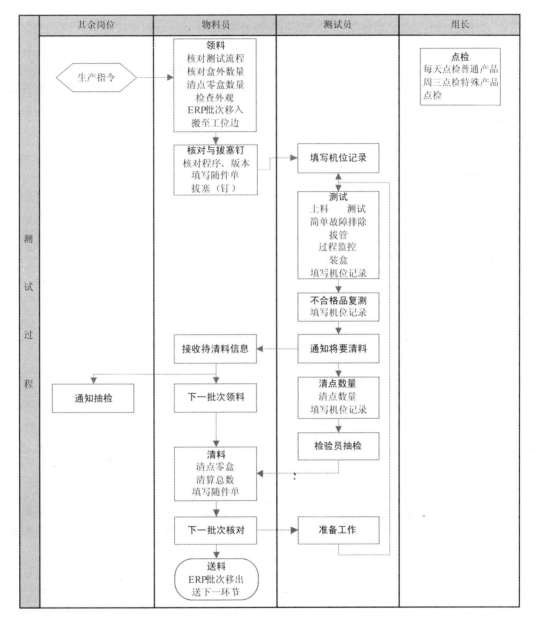

图 6-31 成品测试流程

3.物料员进行条件核对

(1)物料根据《测试随件单》所列的条件,一一进行核对,核对正确,则在《测试随件单》上条件对应栏 G 前面打"√"。

(2)核对异常,则立即通知测试组长,由测试组长附《车间异常通知单》进行反馈。

(3)最后将电路从周转箱中取出,置于推车的"待测品"层,空周转箱放于货架原处。

(4)物料员拿着《测试随件单》到 ERP 录入点做"批次移入"。

(5)物料员核对与测试员填写《成品测试机位记录》。

(6)物料员核对与拔塞钉。

(7)物料员进行测试程序调用。

(8)物料员根据《测试随件单》上的品种名称,在测试机电脑中调用或输入对应的测试程序进行测试程序核对。

(9)每位物料员在每批料领料测试前或接班时,将调用的测试界面上的测试程序和对应版本号与《测试随件单》上的测试程序和版本号相核对,核对准确,则在《测试随件单》条件核对栏的"程序"栏 G 前面打"√",否则需立即反馈给倒班主管,由倒班主管处理并反馈给工程经理(含)以上人员。

1)工程经理(含)以上人员确认所用程序是准确的,则在《测试随件单》"程序"栏后填写或修改程序后签名。

2)由物料员先将待测品取一盒进行拔塞钉操作。对于管装电路,拔去待测料管电路有缺口(或圆点)一端的塞(钉)子(SC8560 和 SC8562 则需拔去非缺口端的钉子),拔下的塞(钉)子放于专用"塞/钉盒"内。剩余的电路可抽空将其拔完。

3)物料员将《测试随件单》上各栏位填写完整。

4)测试员填写《成品测试机位记录》。

5)测试员负责自动测试过程操作和监控。

4.上料

将待测品电路放至机械的上料槽,放时无塞钉端朝前面。

(1)上料的数量控制

通常 DIP300 封装的电路最多供料不能超过 25 管;DIP400 封装的电路最多供料不能超过 20 管;DIP600 封装的电路最多供料不能超过 15 管;TO220 系列的电路最多供料不能超过 10 管;SOP 封装的电路最多供料不能超过 40 管;QFP 封装的电路最多供料不能超过 20 盘;TO92\94 系列封装的电路最多供料不能超过 4000 颗;其他封装电路最多供料不能超过 20 管。

(2)料管的放置

H1238 机械手测试时,如果料管尾部为塞子则尽可能做到塞子位置一致;在加料时尽可能不要使电路靠近管口;在入料槽放料管时尽可能使料管靠近左边。H1338 机械手测试时,在供料盘或收料盘处放料盘时尽可能使料盘靠近右下角。

5.插空管

在下料槽插入对应的空管。插管前应对分 BIN 信号进行检查。针对各出料轨道(T1-T11&T13)设定对应的 BIN 信号(分 BIN 规则详见内部文件《测试部机械手 BIN 设置规范》)。合格品出料轨道插白管,不合格品出料轨道插红管。分档产品白管需按随件单要求更换相应颜色的塞钉后再插到机械手下料轨中。

6.测试

按自动分选机触摸屏上的"自动运转"按钮,然后再按"启动"按钮,设备就开始测试了。

在测试过程中需排除简单的故障,具体操作如下:

(1)测试失效原因的初步排除

1)第一步,先检查电路有无倒反,电路有无拿错。

2)第二步,程序名是否与随件单一致。

3)第三步,检查金手指是否夹好。

4)第四步,检查测试卡是否存在和是否插好,连线是否脱落。

说明:上述原因中第一、二步可自行排除,其余原因要停止测试,挂"异常"标识,并记录和反馈通知相应技术员进行维修,并把初步检查信息及时告之维修人员。

(2)测试管脚差故障原因的初步排除

1)第一步,先要重点检查或确定待测品电路管脚是否正常。

2)第二步,检查金手指是否夹好。

说明:上述原因中第一步可自行排除,其他要通知相应技术员进行维修,并把初步检查信息及时告之维修人员。

各型号自动分选机的其余设备故障处理具体见对应的操作说明。

7.拔管

测试后的合格品塞上拔管时拔下的塞(钉)子,放入料桶的"合格品"格,分档测试后的合格品则放入料桶对应档位的"合格品"格,不合格品拔下后塞好塞子放入推车的"不合格品"层,若还要继续复测可暂不塞塞子。

(1)待测品、合格品、不合格品、空管等根据标识放置于指定位置,且应保持电路方向一致。

(2)当拔下的电路出现满管(即管内电路实数与设定不符)时,应立即对该管电路进行倒管,放置于推车待测品这一层,安排重新测试。

8.测试过程的监控

(1)在测试过程中,测试员需随时注意测试合格率和测试管脚情况,若有异常及时做好标识并反馈。

(2)测试过程中,需要由测试员根据测试情况悬挂的标识牌如下:

1)"测试"(绿)——电路正常测试;

2)"测试"(黄)——工位测试合格率低于送检合格率 3 个百分点或机械手下料不顺(02、03、09、夹管等)但仍可继续测试;

3)"复测"——工位上进行不合格品复测和不达标复测;

4)"异常"——测试合格率低于反馈合格率、测试管脚差或机械故障导致停测;

5)"待料"——工位上所测产品已无待测电路在车间。

(3)测试组长对在测的工位,按《成测车间班长巡检记录表》上的间隔时间进行巡检,包括测试合格率和测试管脚情况的监控;对于编带工位,由测试组长每班对编带的程序、外观检测、合格率、数量、材料这 5 个项目巡检三次,并作记录。

(4)测试异常时的处理

当测试工位出现异常状态时,比如测试失效、电路下料不顺、电路管脚差、电路的测试合格率低于送检合格率 3 个百分点等,在工位上悬挂相关标识牌,并在对应区域的墙上填写《车间测试异常反馈处理表》,由生产保障技术员、工程师进行异常处理;若该批电路暂时无法处理,测试人员将电路清料后放置到机动货架上,并将货架箱号牌插至物流状态标识牌的"待处理"栏。

(5)测试合格率低的处理

如果测试合格率低于送检合格率(成测内部成品率标准)3 个百分点,并持续超过 10 分钟,将绿色"测试"标识换成黄色"测试"标识,并记录和反馈。

当测试合格率低于反馈合格率(成品率控制线),停止测试,挂"异常"标识,并记录和反馈,等待工程技术人员进行异常处理后才能继续测试。对于由于电路本身的原因而合格率低的产品,必须由生产保障工程师在《测试随件单》上签署意见并签名,工位更换为绿色"测试"标识后可以继续测试。

(6)交接班、换批时程序清零后30分钟内由于测试数量少,无法准确体现当批料的平均测试合格率及测试状况,工位状态标识牌不作严格要求。

(7)测试员应负责随时将散落的零散电路查看印章后收集于"零散电路"盒内,清料时单独装入不合格品管中,不作为损耗。

(8)测试员在测试过程中若有工程技术人员等需要在机位上借取电路,应即时要求其在《测试随件单》注明并签名。

9. 手工测试

(1)测试员按照相关产品测试技术规范(所使用的测试方法说明必须是受控的技术文档或审批签字有效的临时测试规范)进行测试,将测试后的合格品和不合格品放到指定的容器/区域中。

(2)在测试过程中,需保护好测试工具,注意查看电路管脚是否完好,若有异常,请找测试组长/倒班主管进行解决。

(3)对于测试完需要另行装管的合格品与不合格品,由倒班主管安排相应人员进行装管操作(即分别将合格品与不合格品装入相应的包装料管,要求保持电路方向的一致)。

10. 装盒

当料桶中的合格品达到1盒的量后,由测试员对电路进行数量和外观检查,并根据盒装标准的数量将电路按统一方向装入对应的内包装盒中。

11. 测试员负责数量清点及记录

(1)对于每批电路,在待测品测试完后,需在《成品测试机位记录》的"时间"栏的后面填写测试完的时间,并将所测的合格品与不合格品进行清点,将清点数量填写在机位记录的"合格品数"与"不良品数"两栏中,将显示屏上的合格率抄至"测试合格率"栏。

(2)测试员负责进行不合格品复测,即对于每批电路在待测品测试完后均需对所有不合格品进行复测。

(3)清屏操作。为了更好地控制测试一次通过率,每遍复测前都要进行测试数据清屏(清屏是指把当前的测试数据如测试总数、测试合格率等重新归零)操作。

(4)每批电路待测品测试完后均需要进行至少一遍最多不超过三遍复测,其中某一遍复测合格率低于5%时也可以结束复测。

12. 不合格品复测注意事项

(1)复测前要检查被复测电路的管脚是否完好或电路是否有反装的现象。

(2)管、盘装电路不合格品须装在红色管、盘中复测。

(3)为了保证合格品料盘和不合格品料盘的区分,QFP机械手须选择在复测模式下。

(4)对复测出的合格品与不合格品数量进行清点,填写《成品测试机位记录》,但此时的"测试合格率"栏需要用"合格品/(合格品+不合格品)"计算出来,还需在"电路状况"栏写上"不合格品复测"字样。

13. 清料信息

(1)清料前 15 分钟测试员需通知物料员,由物料员通知成品检验员测试工位即将清料,并将清料后是否需要立即进行抽检的信息带回告知测试员。

(2)测试员清点数量(对于需在工位抽检的可与抽检同步进行)和物料员领料。

(3)当一个批次电路测试完毕或其他必要的时候,测试人员要对本工位测试的电路进行清料。

(4)整理零散电路,收集不可修复的损坏电路,均必须查看印章是否与在测批次相符。

(5)测试完毕后合格品按标准数量整齐放置于内包装盒内,放置时圆点(缺口)朝左;不合格品电路用橡皮筋捆扎,并加标签,注明测试时间、测试人、电路批次、不合格品数等。

(6)当清点完合格品与不合格品数量后,需要与来料总数进行核对。最后需要对工位设备及附近地面进行查看,是否有零散的电路撒落。

(7)测试员清点数量时,物料员同时做下一批次的领料操作。

(8)物料员清料

物料员清点零头盒电路数量,并将整盒数量加在一起,若与测试员清点的一致,则填写《测试随件单》,否则两人一起重新清点。如果清料时总数同《测试随件单》来料数量不符,应找出原因,并告倒班主管等待处理。

1)根据清点后的合格品数量和不合格品数量,计算出合格率、损耗数和管脚损耗率,填写《测试随件单》。

2)物料员进行下一批次的核对工作,同时测试员填写《成品测试机位记录》,物料员进行送料操作。

3)物料员拿《测试随件单》到 ERP 录入点做"批次移出"操作。

4)物料员根据《测试随件单》中的"送检合格率"判断该批次是否达标。若测试成品率高于或等于标准成品率,则将该批电路放回原周转箱(《测试随件单》上有箱号),将周转箱搬至"待检品货架";若测试成品率低于标准成品率或该批电路是重测、成品重测、退货重测电路,则应填写《成测合格率超差信息单》或《重测分析单》,附于随件单上,并将该批电路放回原周转箱内,将周转箱搬至"保留品货架",并将货架箱号牌插至"物流状态标识牌"的"保留品"栏,并修改上面的货架号。

14. 不达标电路的处理

(1)对于经工程技术人员分析后需进行不达标复测的批次,由倒班主管安排将货架箱号牌插至"物流状态标识牌"的"复测"栏,物料员在工位上的待测品测试完后优先领取进行不达标复测。不达标复测操作同不合格品复测,复测过程需填《测试随件单》和《成品测试机位记录》("电路状况"栏写上"不达标品复测"字样)。

(2)出现异常而不能正常测试的批次,包括数量不对、外观异常、合格率低而暂时无法处理等情况,立即通知倒班主管,并向其索取《暂缓单》,注明品名、箱号、暂缓原因、暂缓人、班次及日期各项后,在 ERP 中进行"批次暂缓"操作,最后将整批料放到机动货架上,并将该批电路的货架箱号牌插到"物流状态标识牌"的"保留品"栏。倒班主管应及时通知生产管理人员。白班进行不合格品复测时若无合格品,应当及时找工程技术人员处理。

15. 换测验收

(1)测试员在接到换测人员填写完的《换测任务单》后,应立即领料测试,并进行换测验收。

　　(2)验收项目包括测试管脚、接地线情况、机械手的正常运转和下料情况、测试合格率（待测品测试半小时后的测试合格率）、工位上有无与测试无关的物品（如万用表、锁紧座、多余测试卡和连接线、电烙铁等），一切正常则在验收时间和验收人两栏签字。若不能正常测试应及时通知倒班主管，由倒班主管（或班组长）负责找相关人员处理。

测 试 篇

第 7 章　　LK8810 数模集成电路测试系统介绍

7.1　LK8810 数模集成电路测试系统硬件

7.1.1　硬件说明

LK8810 测试机是以量产测试低端消费类 IC 产品为目标的低成本数模混合集成电路测试机。该测试机除了能完成常规 IC 数字功能测试外,还可以对 IC 进行 DC 和 AC 等参数指标的测试。主要可测试的产品种类如下:通用逻辑电路;遥控器电路;电动玩具电路;计算器、钟表类电路;闪灯、语音类电路;MCU 电路;收音机类电路;电度表电路。

由于向用户提供了测试机底层控制函数及通用的遥控解码和 MCU 读码点测试软件模块(方案),使用户在 TC 下编程更加自由和方便、高效。同时还为用户提供了 DUT 接口板和接口总线,使用户在开发 DUT 板时实现标准化和规范化,在产品换测时更加方便,无须关心用户的 DUT 板与测试机如何连接,只要插到 DUT 接口板上就能完成硬件的换测工作。

测试机通过 TTL 接口与机械手或探针台相连,实现自动量产测试,也可以外接控制器实现人工测试(适应于无机械手可测的特殊封装电路)。

一、基本性能

(1)提供 32PIN 逻辑管脚和宽逻辑电压(0～10V)程控设置,可满足通用逻辑电路的逻辑测试和消费类电路的逻辑测试。

(2)提供两路独立电源,具有 DPS 和 PMU 功能,可实现加电压、加电流、测电压、测电流等功能。电压范围为±20V,电流范围为±200mA。还可进行电路的功耗测试、直流参数测试和管脚的开短路测试。

(3)提供专用 CPU 测码和通用遥控器解码软件模块,提供完整的遥控器类电路的测试方案,大大简化了用户对遥控器电路输出码测试编程的工作,只要用户调用提供的解码软件模块,即能完成对应遥控码的测试。

(4)提供专用 CPU 测码功能,可方便实现 MCU 类电路读码点测试功能,解决大部分 MCU 类电路的测试问题。

（5）提供音频信号源、外仪器控制口、AC 测量通道，可直接提供 0～90kHz 的音频信号，控制外部提供的中频信号源，为用户测试语音类、收音机类电路提供了完整的硬件资源和软件测试方案。

（6）在用户接口板上向用户提供 16 个用户继电器和 8×16 矩阵开关，为用户设计和调试 DUT 板提供了部分通用资源和相关设计标准，使用户换测更加方便。

（7）由于用户可直接调用底层函数，最大限度地为用户提供了编程空间和自由度，为用户解决复杂的测试提供了可能。

（8）提供测试数据保存功能，为用户分析测试数据提供依据。

二、硬件资源

LK8810 数模集成电路测试系统由以下部分组成：

➢　两组可设置输入电平（VIH/VIL）；

➢　两组可设置输出电平（VOH/VOL）；

➢　32 个可 IO 设置的 FPE 通道；

➢　8 个 DRIVE（输入）通道；

➢　8 个 COMPARE（输出）通道；

➢　1 路 24 位 TTL 电平并口控制外接仪器；

➢　2 路具有 DPS 和 PMU 功能的独立电源；

➢　1 路 8～1000kHz 独立时钟（CLK）；

➢　1 路 0～90kHz 音频信号源；

➢　2 路独立 AC 测量通道；

➢　24 路用户继电器开关；

➢　8×16 矩阵开关；

➢　提供 20MHz 单片机编程功能，并扩展 128K RAM（8bit），RAM 数据可由 PC 机读/写或 CPU 读/写，用于遥控器解码测试和 MCU 读码测试；

➢　1 个解码专用测试通道；

➢　具有 TMU 测试功能。

三、主要指标

1. 驱动器特性

驱动器特性如表 7-1 所示。

表 7-1　驱动器特性

输出电压	VOH	0～+10V
	VOL	0～10V
电压摆幅		10Vp-p～11Vp-p
电压精度		0.5%＋5mV
电压分辨率		2.7mV
最大直流输出电流	输出为"H"	±20mA
	输出为"L"	±20mA

续表

阻抗		50±5Ω
上升/下降时间 （20%到80%）	驱动模式	<10ns/5Vp-p
	输入/输出模式	<10ns/5Vp-p
电压过冲		3%+50mV
VOH/VOL 电平		1组

2. 比较器特性

比较器特性如表 7-2 所示。

表 7-2　比较器特性

输入电压	VIH	0~10V
	VIL	0~10V
精度		1.0%+10mV
迟滞电压		60mV
分辨率		3mV
输入阻抗		>10MΩ
输入电容	I/O 模式	<100pF
	比较模式	<50pF
VIH/VIL 电平		1组

3. 模拟测量

模拟测量指标如表 7-3 所示。

表 7-3　模拟测量

电流测量	测量范围		−100~100mA
	测量精度	2μA 挡	±(0.2% of Rang+10nA)
		20μA 挡	±(0.2% of Rang+10nA)
		200μA 挡	±(0.2% of Rang+100nA)
		2mA 挡	±(0.2% of Rang+1μA)
		20mA 挡	±(0.2% of Rang+10μA)
		200mA 挡	±(0.2% of Rang+100μA)
电压测量	测量范围		−20~20V
	测量精度		±(0.2% of Rang+1mV)

4. 加电压

加电压指标如表 7-4 所示。

表 7-4　加电压

量程	分辨率	精度
10v	5mV	±(0.2% of Rang+5mV)
20V	10mV	±(0.2% of Rang+10mV)

5.加电流

加电流指标如表 7-5 所示。

表 7-5　加电流

量程	分辨率	精度
2μA	1nA	±(0.2% of Rang+10nA)
20μA	10nA	±(0.2% of Rang+25nA)
200μA	100nA	±(0.2% of Rang+100nA)
2mA	1μA	±(0.2% of Rang+10μA)
20mA	10μA	±(0.2% of Rang+25μA)
200mA	100μA	±(0.2% of Rang+100μA)

6.电流测量

电流测量指标如表 7-6 所示。

表 7-6　测电流

量程	分辨率	精度
2μA	60pA	±(0.2% of Rang+5nA)
20μA	0.6nA	±(0.2% of Rang+10nA)
200μA	6nA	±(0.2% of Rang+100nA)
2mA	60nA	±(0.2% of Rang+5μA)
20mA	0.6μA	±(0.2% of Rang+10μA)
200mA	6μA	±(0.2% of Rang+100μA)

7.电压测量

电压测量指标如表 7-7 所示。

表 7-7　电压测量

量程	分辨率	精度
10V	60μV	±(0.2% of Rang+1mV)
20V	120μV	±(0.2% of Rang+2mV)

8.音频信号发生器

音频信号发生器指标如表 7-8 所示。

表 7-8　音频信号发生器

标准配置	1 通道
可选波形	正弦波
频率范围	0Hz～90kHz
有效值范围	0～5V
输出能力	±10mA

9. 交流信号测量

交流信号测量如表 7-9 所示。

表 7-9　交流信号测量

标准配置	2 通道
基频	1kHz±50Hz
有效值	1mV～50V
可测信号	基频有效值、失真信号有效值、失真度

10. 用户时钟

用户时钟指标如表 7-10 所示。

表 7-10　用户时钟

频率范围	8kHz～1MHz
分辨率	$0.5\mu s$
波形	方波
电平设置	VIH、VIL

四、接口定义

1. DUT 接口尺寸

DUT 板接口布置如图 7-1 所示。板尺寸为 200mm×150mm。左边 BUS1-A1 到右边 BUS2-A1 两孔间距 160.02mm(6300mil)，以左下角为坐标原点，BUS1-A1 点的坐标位置为 (17.78,111.76)mm((700,4400)mil)。BUS 座为 96 芯直焊公座(9001-13961C00A)。

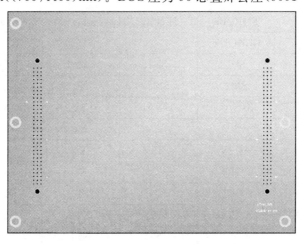

图 7-1　DUT 板接口布置图

2. DUT 接口总线定义

DUT 接口总线定义如表 7-11 所示。

表 7-11 DUT 接口总线定义

PIN	BUS1			BUS2		
	A	B	C	A	B	C
1		PIN1	PIN2	MD1	MC1	
2		PIN3	PIN4	MD2	MC2	
3		PIN5	PIN6	MD3	MC3	
4		PIN7	PIN8	MD4	MC4	
5		PIN9	PIN10	MD5	MC5	
6		PIN11	PIN12	MD6	MC6	
7		PIN13	PIN14	MD7	MC7	
8		PIN15	PIN16	MD8	MC8	
9		PIN17	PIN18	K01_3	K01_4	
10		PIN19	PIN20	K02_3	K02_4	
11		PIN21	PIN22	K03_3	K03_4	
12		PIN23	PIN24	K04_3	K04_4	
13		PIN25	PIN26	K05_3	K05_4	
14		PIN27	PIN28	K06_3	K06_4	
15		PIN29	PIN30	K07_3	K07_4	
16		PIN31	PIN32	K08_3	K08_4	
17				K09_3	K09_4	AGND
18				K10_3	K10_4	AGND
19				K11_3	K11_4	AGND
20	AGND	FORCE1	SENSE1	K12_3	K12_4	AGND
21	AGND	AGND	AGND	K13_3	K13_4	GND
22	AGND	FORCE2	SENSE2	K14_3	K14_4	GND
23	AGND	CLKOUT		K15_3	K15_4	GND
24	AGND	SD1	SD2	K16_3	K16_4	GND
25	AGND	SM1	SM2	X0	X1	Y0
26	AGND	SIGNAL1	SIGNAL2	X2	X3	Y1
27	AGND	+5V	+5V	X4	X5	Y2
28	AGND	+12V	+12V	X6	X7	Y3
29	AGND	+15V	+15V	X8	X9	Y4
30	AGND	AGND	AGND	X10	X11	Y5
31	AGND	−15V	−15V	X12	X13	Y6
32	AGND	GND	GND	X14	X15	Y7

3.测试终端通信接口定义

测试机与分选机或探针台相连的通信接口为 25 芯公座,用户制作连线时用 DB25 母头,可由测试机提供通信用信号电源(＋5V)。控制信号的逻辑有效状态(高有效或低有效)可在用户测试程序中设定,当 TerminalLogic＝"high"时为逻辑高有效,当 TerminalLogic＝"lower"时为逻辑低有效,控制信号可发送 1～7BIN 信号和 1 个 EOT 信号,脉冲宽度 5ms,接收 1 个 SOT 信号,各信号对应的管脚定义如表 7-12 所示。

表 7-12　测试终端通信接口管脚信号定义

管脚号	名　称	管脚号	名　称
1	BIN1	14	
2	BIN2	15	
3	BIN3	16	
4	BIN4	17	
5	BIN5	18	
6	BIN6	19	
7	BIN7	20	
8		21	
9	EOT	22	
10		23	
11	SOT	24	
12	＋5V	25	G
13	GND		

7.2　软件说明

7.2.1　软件结构

测试系统的软件编程环境为 Turbo C 2.0,测试程序运行于 DOS 环境。测试程序除了可用 Turbo C 2.0 提供的全部函数外,还要用到测试机提供的一些专用函数,这些函数以库函数 cl.lib 和包含文件 user.h 的形式提供。函数的使用方法详见测试专用函数介绍。

在用户测试程序中,有一些公共参数需要设置(详见例程),各参数代表的意义和设置范围如表 7-13 所示。

表 7-13　公共参数说明

参数名称	参数类型	意义	设置范围
TerminalType	String	测试终端类型: Handler——分选机 Prober——探针台	"handler" 或"prober"
TerminalLogic	String	终端逻辑有效状态定义: High——高电平有效 Lower——低电平有效	"high" 或"lower"

续表

参数名称	参数类型	意义	设置范围
ChipNumber	unsigned int	芯片有效管芯数： TerminalType＝"prober"时要用到	1～65535
DisplayMode	int	测试显示模式： 0——文本模式 1——图形模式	0 或 1
JudgeEn	int	测试判断控制： 1.不判断；2.判断	0 或 1
MtestTime	int	测试时间显示选择： 0——分选机＋测试机时间 1——测试机时间	0 或 1
FailFlg	int	测试失效分项： 0——测试合格 1～20——测试失效 －1——进入测试程序(初始化)	－1,0～20
Parameter[i]	string	测试项目名称定义： Parameter [0]——程序名和版本号 Parameter [1—20]——测试项目名称	字符串
Fbin[i]	unsigned int	失效分项的软件 BIN	1～20
Hbin	unsigned int	硬件 BIN：该数据通过终端通信发送到 测试终端分 BIN	1～7

说明：

1.Fbin[i]失效分项的软件 BIN 设置，其中的 i 要与 Parameter[i]中的 i 对应，通过它可设置成与 Parameter[i]项一一对应(常用)，也可以将其中的几个 Parameter[i]项合并统计。测试过程中 i 值将从 FailFlg 中获取，因此在每个测试项完成后要确定对应的 FailFlg 值，便于 Parameter[i]和 Fbin[i]的正确显示和统计。

2.Hbin 为硬件 BIN，可与 Fbin 不完全对应，由程序员设定。

下面是测试程序的基本结构(例程)：

```
/ * * * * * * * * * * * * * * * * * * * * * * * * * * * * * * * * * * * * * * * * * * * *
PRODUCT NAME    : HS6222
TESTER          : LK8810
DATE            : 2008－10－15
 * * * * * * * * * * * * * * * * * * * * * * * * * * * * * * * * * * * * * * * * * * * /
# include <dos.h>
# include <stdio.h>
# include <graphics.h>
# include <math.h>
# include <time.h>
# include <user.h>           / * 测试机专用函数 * /
```

```
/ * 用户定义的测试函数 * /
void openshort(void);
void Ileak(void);
void drive(void);
void osc(void);
void function(void);

#define Vdd_1 3.00
#define Vdd_2 2.40
char str[] = {"cpu"};
int display = 0;
unsigned int data1[7] = {0x5aaa,0xff,0xa0af,0xfafa,0xf0,0xa05f,0xff};
unsigned int data2[7] = {0x1fe,0xa15e,0x51ae,0xf10e,0xbf4,
0xab54,0x5ba4};
float leak[11],irem;
int leak[11] = {1,2,3,4,5,6,9,11,22,23,24};
float foscL,foscH;

void main()
{
  TerminalType = "handler";   / * handler or prober   * /
  TerminalLogic = "high";     / * high or lower * /
ChipNumber = 5000;                / * Chip_number with prober test * /
  DisplayMode = 0;            / * 0 - text 1 - graphics * /
  JudgeEn = 1;                    / * 0 - not judge 1 - judge * /
  MTestTime = 0;                  / * 0 - H + T Time 1 - Test Time * /
  FailFlg = -1;                   / * set -1 * /

  Row = 6;                              / * 测试参数项数 * /
  Parameter[0] = "HS6222 Ver1.0";     / * 被测电路型号版本 * /
  Parameter[1] = " 1.Opershort";      / * 测试项目名称 * /
  Parameter[2] = " 2.Ileak";
  Parameter[3] = " 3.Drive Out ";
  Parameter[4] = " 4.Osc";
  Parameter[5] = " 5.Function_H(3.0V)";
  Parameter[6] = " 6.Function_L(2.4V)";

  FBin[1] = 1;                        / * FBin[i] - 软件 Bin 号,i 与参数项对应,
i = FailFlg * /
  FBin[2] = 2;
```

```
    FBin[3] = 3;
    FBin[4] = 4;
    FBin[5] = 5;
    FBin[6] = 6;

    pci_init();
    do {
        test();      /*测试主菜单*/
        FailFlg = 0;

        openshort();    /*用户测试函数*/
        if(FailFlg! = 0)    /* FailFlg >0 该项测试失效*/
        {
            HBin = 7;          /*硬件 bin 号*/
            continue;          /*该项失效停测其余测试项*/
        }
        Ileak();
        if(FailFlg! = 0)
        {
            HBin = 7;
            continue;
        }
        drive();
        if(FailFlg! = 0)
        {
            HBin = 7;
            continue;
        }
        osc();
        if(FailFlg! = 0)
        {
            HBin = 7;
            continue;
        }
        function();
        if(FailFlg! = 0)
        {
            HBin = 7;
            continue;
        }
```

```
        / * 所有测试项完成测试,PASS * /
        if(JudgeEn = = 1)
        {
            HBin = 1;
        }
        else
        {
            HBin = 7;      / * FAIL SET * /
        }
  }while(1);
}
/ * 用户测试函数 * /
void openshort()
{

}

void Ileak()
{

}

void drive()
{

}

void osc()
{

  reset();
}

void function()
{

}

void print_ieak()
{
```

```
    }

    void Code(int i,int j)
    {


    }

    unsigned int decode( char * pulsetype, unsigned int pin, unsigned int pulsenum,
unsigned int intervalnum,float waitnum)
    {
        return(countrst);
    }
```

7.2.2   测试专用函数

一、接口板函数

pcwrt()

函数原形:void pcwrt(unsigned int subport,unsigned int data)

函数功能:PC 机向测试机发送数据。

参数说明:subport——测试机硬件地址,0x00—0x7f;

　　　　　data——发送数据,0x0000—0xffff。

二、IVR 卡函数

1. set_logic_level()

函数原形:void   set_logic_level(float VIH,float VIL,float VOH,float VOL)

函数功能:设置参考电压。

参数说明:VIH——输入高电平,0.0～10.0V;

　　　　　VIL——输入低电平,0.0～10.0V;

　　　　　VOH——输出高电平,0.0～10.0V;

　　　　　VOL——输出低电平,0.0～10.0V。

2. pcrd()

函数原形:unsigned int   pcrd(int n)

函数功能:读取测试机数据。

参数说明:测试机读地址,0—15。

3. delay_ms()

函数原形:void delay_ms(float n_ms)

函数功能:延时等待。

参数说明:n_ms——延时时间,0.001～65535ms。

4. reset()

函数原形:void　reset(void)

函数功能:测试机复位,产生 CLR 复位脉冲,端口数据清零。

参数说明:无参数。

5. instrument()

函数原形:void　instrument(unsigned int icode)

函数功能:向外部仪表发送控制码。

参数说明:icode——仪表控制码,0x00－0xff。

三、VIP 卡函数

1. vp _on()

函数原形:void　vp_on(int Channel,float CurrentLimit,float OutVoltage)

函数功能:输出通道电压源。

参数说明:Channel——电源通道,1,2;

　　　　　CurrentLimit——电流最大值(mA),－200～200mA;

　　　　　OutVoltage——输出电压,－20～20V。

2. vp _off()

函数原形:void　vp_off(int Channel)

函数功能:关闭通道电压源。

参数说明:Channel——电源通道,1,2。

3. ip_on()

函数原形:void　ip_on(int Channel,float OutCurrent)

函数功能:输出通道电流源。

参数说明:Channel——电源通道,1,2;

　　　　　OutCurrent——输出电流,－200～200mA。

4. ip_off()

函数原形:void　ip_off(int Channel)

函数功能:关闭通道电流源。

参数说明:Channel——电源通道,1,2。

5. get_ad1()

函数原形:float　get_ad1(void)

函数功能:快速读取 A/D 输入的电压值。

参数说明:无参数。

6. get_ad()

函数原形:float　get_ad(void)

函数功能:读取 A/D 输入的电压值。

参数说明:无参数。

7. ad_conver()

函数原形:float　ad_conver(int measure_ch,unsigned int gain)

函数功能:读取被选通道的实际测量值,电压(V),电流(mA)。

参数说明:measure_ch——测量通道,1,2,3,4,5,6,这里

　　　　1:I1——电源通道 1 输出电流,mA;

　　　　2:V1——电源通道 1 输出电压,V;

　　　　3:I2——电源通道 2 输出电流,mA;

　　　　4:V2——电源通道 2 输出电压,V;

　　　　5:I3(AD2)——外部(WM)输入信号电流,I;

　　　　6:V3(AD1)——外部(WM)输入信号电压,V。

　　　　gain——测量增益,1,2,3;增益 1=0.5;增益 2=1;增益 3=5。

8. measure_i()

函数原形:float　measure_i(int Channel,float MiLimit)

函数功能:选择合适电流挡位,精确测量工作电流,返回 mA。

参数说明:Channel——电源通道,1,2;

　　　　MiLimit——电流最大值,−200~200mA,用于确定挡位。

9. set_mi()

函数原形:float set_mi(int Channel,float MiLimit)

函数功能:预设电流测量,以便测量时快速读取电流值,返回电流测量放大倍数 K,K ∗ get_ad1()即为实际的电流值(mA)。

参数说明:Channel——电源通道,1,2;

　　　　MiLimit——电流最大值,−200~200mA,用于确定挡位。

10. measure_ia()

函数原形:float measure_ia(int Channel,float MiLimit,float TestTime,float InTime)

函数功能:测量电流平均值,对不稳定的电流测量比较有效,返回 mA。

参数说明:chanel——电源通道,1,2;

　　　　MiLimit——电流最大值,−200~200mA,用于确定挡位。

　　　　TestTime——总测量时间(ms);

　　　　InTime——采样时间(ms),TestTime / InTime 为采样次数。

四、FPE 卡函数

1. pin_test_state()

函数原形:void pin_test_state(char ∗ logic)

函数功能:PIN 脚工作选择。

参数说明:logic——管脚选择;

　　　　L——对应 1−16 脚工作;

　　　　H——对应 17−32 脚工作。

在使用功能脚函数前要先确认该函数设置的状态。

2. on_fun_pin()

函数原形:void　on_fun_pin(unsigned int pin,...)

函数功能:合上功能管脚继电器。

参数说明:pin,...——管脚序列,1,2,3,…,16。管脚序列要以 0 结尾,例如当要合上 3、4、7 管脚时,其序列为 3,4,7,0。当 pin_test_state("H")时,对应的是 17−32 管脚。

3. off_fun_pin( )

函数原形：void　off_fun_pin(unsigned int pin,…)

函数功能：关闭功能管脚继电器。

参数说明：pin,…——管脚序列,1,2,3,…,16。管脚序列要以 0 结尾。当 pin_test_state("H")时对应的是 17－32 管脚。

4. sel_comp_pin( )

函数原形：void　sel_comp_pin(unsigned int pin,…)

函数功能：设定输出(比较)管脚。

参数说明：pin,…——管脚序列,1,2,3,…,16。管脚序列要以 0 结尾。当 pin_test_state("H")时对应的是 17－32 管脚。

5. sel_drv_pin( )

函数原形：void　sel_drv_pin(unsigned int pin,…)

函数功能：设定输入(驱动)管脚。

参数说明：pin,…——管脚序列,1,2,3,…,16,管脚序列要以 0 结尾。当 pin_test_state("H")时对应的是 17－32 管脚。

6. set_drvpin( )

函数原形：void　set_drvpin(char ＊ logic,unsigned int pin,…)

函数功能：设置并输出驱动脚的逻辑状态,H:高电平,L:低电平。

参数说明：＊ logic ——逻辑标志,"H","L";

　　　　　　pin,…——管脚序列,1,2,3,…,16。管脚序列要以 0 结尾。当 pin_test_state("H")时对应的是 17－32 管脚。

7. read_comppin( )

函数原形：unsigned int　read_comppin(char ＊ logic,unsigned int pin,…)

函数功能：读取比较脚的状态或数据。

1)当 ＊ logic＝"H"时,返回 0 则 pass,否则为 fail,并返回管脚序列中第一个不是"H"的管脚值,可用此法找上升沿;

2)当 ＊ logic＝"L"时,返回 0 则 pass,否则为 fail,并返回管脚序列中第一个不是"L"的管脚值,可用此法找下降沿;

3)当 ＊ logic 为非"H"或"L"时,返回管脚序列的实际逻辑值,1：H,0：L,而不判断比较结果为 pass 或 fail。

参数说明：＊ logic ——逻辑标志,"H"、"L"或其他字符。

　　　　　　pin,…——管脚序列,1,2,3,…,16。管脚序列要以 0 结尾。当 pin_test_state("H")时对应的是 17－32 管脚。

8. pmu_test_vi( )

函数原形：float　pmu_test_vi(int pin_number,int power_chanel,float currentlimit,float voltage_souse, float tms);

函数功能：对管脚进行供电压测电流的 pmu 测量,返回管脚电流(mA)。

参数说明：pin_number——被测管脚号,1,2,3,…,16。当 pin_test_state("H")时对应的是 17－32 管脚。

power_chanel——电源通道,1,2;

currentlimit——电流最大值,－200～200mA;

voltage_souse——给定电压,－20～＋20V;

tms——测量等待时间,ms。

9. pmu_test_iv( )

函数原形:float pmu_test_iv(int pin_number, int power_chanel, float current_souse, float VoltageLimit,float tms)。

函数功能:对管脚进行供电流测电压的 pmu 测量,返回管脚电压(V)。

参数说明:pin_number——被测管脚号,1,2,3,…,16,当 pin_test_state(“H”)时对应的是 17－32 管脚;

power_chanel——电源通道,1,2;

current_souse——给定电流,－200～200mA;

VoltageLimit——电压最大值,V;

tms——测量等待时间,ms。

10. set_freq( )

函数原形:void set_freq(float freq)

函数功能:设定用户时钟频率。实际输出频率为 2mHz 的整数分频,或周期为 $0.5\mu s$ 的整数倍,因此,实际输出频率不一定与设定值完全相符,时钟高低电平与 VIH 和 VIL 相符。

参数说明:freq——设定频率,8000～1000000Hz。

四、MCS 卡函数

1. turn_switch( )

函数原形:void　turn_switch(char ＊ state,int n,...)

函数功能:操作用户继电器。

参数说明:＊state ——接点状态标志,“on”接通,“off”断开;

n,...——继电器编号序列,1,2,3,…,16,序列以 0 结尾。

2. key_switch( )

函数原形:void　key_switch(char ＊ state)

函数功能:控制矩阵开关的输出连线,要用到矩阵开关时必须要先设置成“on”,对于有些测试项,如 PIN 脚开短路测试,要被矩阵开关影响时,要设置成“off”。

参数说明:＊state ——接点状态标志,“on”接通,“off”断开。

3. turn_key( )

函数原形:void　trun_key(char ＊ state,int x,int y)

函数功能:操作 xy 矩阵接点。

参数说明:＊state ——接点状态标志,“on”接通,“off”断开;

x——矩阵行,1～16;

y——矩阵列,1～8。

4. writ_cpu( )

函数原形:void　writ_cpu(int dat_p1)

函数功能:向 89C51 的 P1 口和 RST 写数据,D7_0 对应 P17_P10,D8 控制 CPU 的

RST,D8＝0 为复位状态,D8＝1 为工作状态。

参数说明:dat_p1——9 位数据,0x000－0x1ff。9 位数据的具体功能见表 7-14。

表 7-14　writ_cpu( )函数输出代码的具体功能说明

输出代码	功能说明
0x101	单片机判断测试(RAM 前 64K)
0x102	单片机判断测试(RAM 后 64K)
0x110	完成一个指令后继续运行
0x111	读结束地址
0x112	读实际测试结果
0x113	读预存测试结果
0x120	单片机不判断测试
0x121	RAM 检验
0x122	8D/8C 检验
0x1FF	版本号输出

5. read_cpu( )

函数原形:unsigned int　read_cpu( )

函数功能:从 89C51 的 0x20001(高 8 位)和 0x20000(低 8 位)读数据。

参数说明:无参数。

结果代码含义见表 7-15。

表 7-15　read_cpu( )函数结果代码含义

结果代码	表示含义
0x15	判断测试 PASS
0x1A	判断测试 FAIL
0x1F	不判断测试结束
0x25	RAM 检验 PASS
0x2A	RAM 检验 FAIL

6. writ_ram( )

函数原形:void　writ_ram(long unsigned int RamAdd,unsigned int Data)

函数功能:向 RAM 写数据(8 位)

参数说明:RamAdd——RAM 地址(0X00000－0X1FFFF),数据类型要一致;

　　　　　Data——RAM 数据,8 位。

7. read_ram( )

函数原形:unsigned int　read_ram(long unsigned int RamAdd)

函数功能:从 RAM 读数据(8 位)。

参数说明:RamAdd——RAM 地址(0X00000－0X1FFFF),数据类型要一致。

8. set_8drv( )

函数原形:void　set_8drv(int Data)

函数功能:设置 8D 口的输出和状态,高 8 位控制对应 PIN 输出(1:输出;0:不输出),低 8 位设置对应 PIN 的逻辑状态。

参数说明：Data——16 位数据。

9. read_8cmp()

函数原形：unsigned int read_8cmp(void)

函数功能：从 8C 口读回逻辑状态，读回后的数据要屏蔽掉不用的 PIN。

参数说明：无参数。

10. read_signal()

函数原形：unsigned int read_signal(void)

函数功能：读取选中被测信号的状态(1：高电平；0：低电平)。

参数说明：无参数。

11. read_count()

函数原形：unsigned int read_count(void)

函数功能：读取计数器中的计数值，读取后计数器自动清零。

参数说明：无参数。

12. read_pulsew()

函数原形：unsigned int read_pulsew(void)

函数功能：读取当前电平宽度对应的计数值，读取后计数器自动清零。

参数说明：无参数。

13. set_mode()

函数原形：set_mode(int data)

函数功能：设置专用模块的工作状态。

参数说明：data——状态位设置，具体功能见表 7-16。

表 7-16　状态位设置说明

控制位								功能	
D7	D6	D5	D4	D3	D2	D1	D0	选择	功能
—	—	—	—	—	—	0	0	SINGLE1	测试信号选择
—	—	—	—	—	—	0	1	SINGLE2	
—	—	0	0	—	—	—	—	2MHz	计数频率选择
—	—	0	1	—	—	—	—	200kHz	
—	—	1	0	—	—	—	—	20kHz	
—	—	1	1	—	—	—	—	1kHz	
0	0	—	—	—	—	—	—	脉宽	测试功能选择
0	1	—	—	—	—	—	—	周期	
1	0	—	—	—	—	—	—	计时	
1	1	—	—	—	—	—	—	计数	

五、WDM 卡函数

1. wave_on()

函数原形：void _nwave_on(void)

函数功能:接通波形输出继电器,输出波形。

参数说明:无参数。

2. wave_off()

函数原形:void _nwave_off(void)

函数功能:断开波形输出继电器,禁止输出波形。

参数说明:无参数。

3. set_wave()

函数原形:void set_wave(float freq,float rms_value)

函数功能:设置波形发生器频率、峰—峰值。

参数说明:freq——频率,800.0~90000.0Hz;

　　　　　rms_value——峰—峰值,0.0~5.0V。

4. set_dist()

函数原形:void set_dist(int Ch,float InRmsValLimit,float NorthLimit)

函数功能:测量交流信号的失真度设置。

参数说明:Ch——测量交流信号的测量通道,1,2;

　　　　　InRmsValLimit——输入信号有效值范围(V);

　　　　　NorthLimit——信号失真度范围(%)。

5. get_rms()

函数原形:float get_rms(int Ch)

函数功能:测量交流信号有效值(V)。

参数说明:Ch——测量交流信号测量通道,1,2。

6. get_distortion()

函数原形:float get_distortion(int Ch)

函数功能:测量交流信号失真度值(%)。

参数说明:Ch——测量交流信号测量通道,1,2。

六、用户函数

1. rdcmppin()

函数原形:unsigned int rdcmppin(unsigned int pin)

函数功能:读取第"pin"个 PIN 脚的状态。如果该脚为高,则返回"1",否则返回"0"。该函数与 read_cmppin()的区别在于返回值及其执行的速度。该函数可用于通过 PIN 脚进行低频的信号检测的情况。

参数说明:pin,...——管脚序列,1,2,3,…,16。

该函数只能读取一个 PIN 脚的逻辑状态。如果要读取 PIN2 管脚的逻辑状态,其函数写为_rdcmppin(2)。

2. scodecount()

函数原形:unsigned int scodecount(char * cstype,unsigned int pulsenum)

函数功能:CPU 脉冲计数程序,通过该程序自动将被测信号转换成为计数值数组 Codepulse[]。

参数说明:char * cstype——选择解码的方式;

　　　CPU——代表用 MCS 板的单片机解码；

　　　unsigned int pulsenum——需要解码的最大值。

　3. printpulse()

　函数原形：void printpulse(unsigned int startpulse,unsigned int endpulse)

　函数功能：打印解码后计数值数组 Codepulse[]值。

　参数说明：unsigned int startpulse——选择要打印的数组起始位；

　　　　　　unsigned int endpulse——选择要打印的数组结束位。

　4. maxpulse()

　函数原形：unsigned int maxpulse(unsigned int startpulse,unsigned int endpulse, unsigned int intervalnum)

　函数功能：取出解码后计数值数组 Codepulse[]的最大值。

　参数说明：unsigned int startpulse——选择从数组的第几个开始；

　　　　　　unsigned int endpulse——选择到数组的第几个结束；

　　　　　　unsigned int intervalnum——选择每次计算时隔几个电平。

　例　"maxpulse(3,60,1);"表示从 CodePulse[3]开始,计算之后 60 个电平的最大值, 每次计算隔一个电平。

　5. minpulse()

　函数原形：unsigned int minpulse(unsigned int startpulse,unsigned int endpulse, unsigned int intervalnum)

　函数功能：取出解码后计数值数组 Codepulse[]的最小值。

　参数说明：unsigned int startpulse——选择从数组的第几个开始；

　　　　　　unsigned int endpulse——选择到数组的第几个结束；

　　　　　　unsigned int intervalnum——选择每次计算时隔几个电平。

　例　"minpulse(3,60,1);"表明从 CodePulse[3]开始,计算之后 60 个电平的最小值,每 次计算隔一个电平。

　6. printbyte()

　函数原形：void printbyte(void)

　函数功能：查看 CodePulse[]数组转换成十六进制后的结果,该函数最大可输出三组十 六进制数据,即 96 位。

　7. printbyte1()

　函数原形：void printbyte1(void)

　函数功能：查看 CodePulse[]数组转换成十六进制后的结果,该函数最大可输出五组十 六进制数据,即 160 位。

　8. contobyte()

　函数原形：void contobyte(void)

　函数功能：将 Codebit[]中的数据装入 Codebyte[]数值中,即完成二进制到十六进制数 据的转换。

7.3　硬件说明

1. 硬件组成

LK8810 测试机测试系统组成如图 7-2 所示。

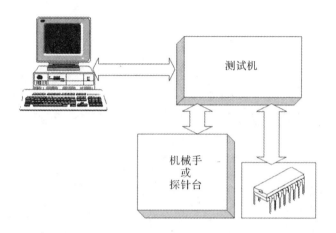

图 7-2　LK8810 测试机测试系统组成

其接口组成如下：

(1)接口板：IVR；

(2)功能管脚板：FPE；

(3)用户板：MCS；

(4)电源板：VIP；

(5)交流测试板：WDM。

2. IVR 功能框图

IVR 功能框图如图 7-3 所示。

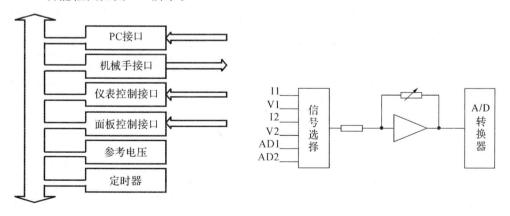

图 7-3　IVR 功能框图

3. FPE 功能框图

FPE 功能框图如图 7-4 所示。

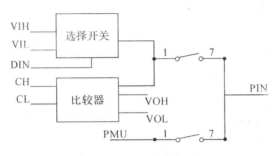

图 7-4　FPE 功能框图

4. WDM 功能框图

WDM 功能框图如图 7-5 所示。

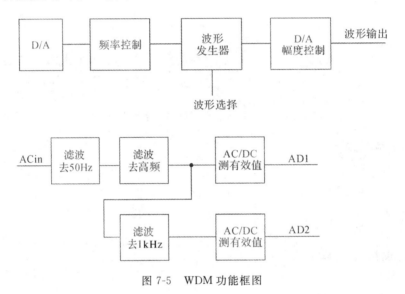

图 7-5　WDM 功能框图

第8章　LK2150AT 自动分选机系统介绍

8.1　绪　论

IC 自动分选机用于代替手工测试分选,省去了大量的人力物力。同时它以高效、快速、优质和维修便捷等诸多优点而广受各集成电路生产厂家的欢迎。

8.1.1　模块化的设计

一、自动分选机的组成
自动分选机主要由以下部分组成:

1.上料机构
上料机构用于待测电路的放置和测完电路的空料管堆积,该机构完全采用自动上料的模式,省去了人力操作。

2.直线轨道机构
直线轨道机构用于待测电路的自由下滑,实现 IC 的自动测试。

3.测试区机构
测试区机构实现 IC 的参数测试。

4.收料机构
收料机构实现手动换料管的功能。

8.1.2　友好的人机操作界面和快捷按钮

一、友好的人机操作界面
该机的人机操作界面如图 8-1 所示。

图 8-1　操作界面

二、快捷按钮

其快捷按钮如图 8-2 所示。

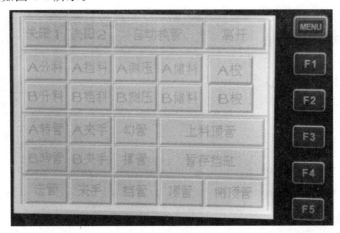

图 8-2　快捷按钮

8.1.3　最小的劳动成本

当自动运转模式启动后,机器能够独立完成它的任务。最小化劳动力归功于它较高的自动化程度。因此,一个操作者能够在任何情况下处理一台或者更多的此类机器。

8.2　IC 自动分选机性能

8.2.1　机器性能

IC 自动分选机有以下性能:

(1)机器设立了自动、手动、调试三种模式,其中调试模式又包括自动排料、演示模式和单次模式。

(2)共有 12 个手动出料轨道,同时每一出料轨道均可由用户选择设定 1 至 8 挡(BIN)。出料管的满管数量可由用户设定。

(4)与测试机的接口控制信号高有效还是低有效可由界面板上的拨码开关选择。

(5)机器运转异常时,可根据触摸屏显示的错误代码和帮助窗口方便地排除故障和维修故障。

(6)人机界面上实时显示测试合格率和瞬时 UPH 值。

(7)人机界面上显示时间段内的测试产量和测试时间。

(8)实时记录测试夹具的动作次数,便于测试夹具的使用监控。

(9)人机界面可以设定步进电机的自动复位频率。

8.2.2　机器特性

IC 自动分选机的特性如下:

(1)自动排料速度为 UPH≥6800。

(2)入料管为 40 管/次。

(3)出料管有 12 管。

(4)测试夹具为 CONTACT PIN(金手指)。

(5)接口控制信号

START OF TEST——测试请求信号;

EOT——测试结束信号;

BIN1～8——测试结果分类信号。

(6)主电源供给为 AC,220V/3A,50/60Hz。

(7)配线结构为(L)火线+(N)零线+(G)地线。

(8)压缩空气为 0.4～0.7MPa,消耗量 0.03m³/min,采用外径 8mm、内径 6mm 的接入管。

(9)设备尺寸为 960mm(长)×550mm(宽)×1500mm(高)。

(10)设备颜色为灰白色。

(11)测试工位为 1 SET。

8.2.3　机器结构

一、各机构的组成

各机构的组成如图 8-3 所示。

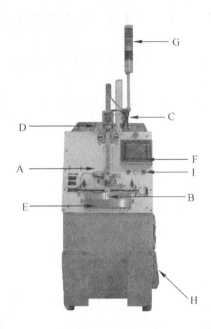

　　A—下料轨道;B—测试区;C—自动上料机构;D—手动收料机构;E—分 BIN 梭子;F—人机操作界面;G—警示灯;H—电气安装箱;I—整机面板按钮。

图 8-3　分选机实物图

二、机器操作

1. 机器开机操作步骤

(1)电源线接 AC,220V/3A,50/60Hz。

(2)检查压缩空气过滤调压阀,调节压缩空气压力为 0.4～0.7MPa。

(3)连接与测试机 25PIN 的并口连接线。

(4)打开电源开关(会发出一声鸣叫,这时手不可以去碰触摸屏,直到开机界面出现为止),电源指示灯亮。

(5)放置待测料管和空料管

1)先根据 IC 规格适当调整分料气缸的距离,使 IC 能在轨道内顺利分离。

2)再将待测 IC 料管放到入料槽内,使无封头端朝料轨排列,入料槽内一次可放 40 管。

3)按【自动运转】进行电机初始化。

4)将空料管分别放置出料轨道中,各出料管中已默认 TC 管为待测 BIN 管,机器初始化时 TC 出料管必须插有空料管。

注意:a. 放置待测料管和空料管时尽可能把塞子塞平整。

b. TC 管作为待测 BIN 管,同时也可作为 Fail 收料管。

c. 每个出料管的当前计数只有在【自动运转】模式时才能手动清除。反之,如果机器处于停止状态,插拔料管后对每个出料管的计数不做处理。

(6)参数值设定

1)设定各出料管轨道对应的 BIN;

2)设定满管数量;

3）设定步进电机的自动复位频率；

4）设定 EOT 报警时间；

5）设定连续失效颗数。

具体设置操作见 8.3 人机界面操作说明。

2.机器开机测试操作步骤

（1）检查金手指是否完好，与测试机相连的连接线是否连接。

（2）清除当前测试合格率和测试产量。

（3）在主功能界面选择自动运转模式。

（4）启动前检查梭子及梭子活动范围内是否有 IC，然后检查待测料管前端是否已放平整。

（5）按【启动】进行自动测试。当测试量达到设定颗数时（即满管指示灯亮）进行手动出料管的空管更换。

注意：

1）手动收料管在插入空管的时候要确保机器已处于自动运转或测试状态，即满管指示灯亮，否则原 BIN 管的记数值不会被清零，从而导致料管满料。

2）梭子分料以就近原则进行动作，具体顺序为 T6—T7—T5—T8—T4—T9—T3—TA—T2—TB—T1—TC。

（6）测试过程中出现异常则根据故障代码和解决方法进行故障的排除。

8.3　人机界面操作说明

8.3.1　主功能界面

开机后，触摸屏界面跳至开机界面（厂家信息介绍，见图 8-4），按【主界面】后进入主功能界面，如图 8-5 所示。

图 8-4　开机界面

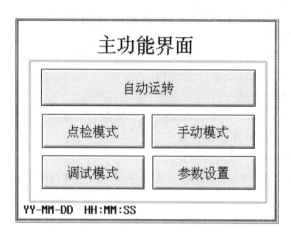

图 8-5　主功能界面

图 8-5 中各按钮说明如下：

➢ 　自动运转——进入自动循环测试状态，正常测试时以此动作为主。

➢ 　点检模式——该模式主要用于被测电路的样品点检操作。

➢ 　手动模式——为马达、气缸、警示灯和指示灯的手动开关，便于校正和排除故障。

➢ 　参数设置——完成所有参数和数值的设定操作；查看各类型的产量统计和数值清零操作。

➢ 　调试模式——实现【自动排料】和【演示模式】的操作。

➢ 　MM-DD-YY——当前月-日-年显示。

➢ 　HH:MM:SS——当前时:分:秒显示。

8.3.2　自动运转界面

自动运转界面如图 8-6 所示。

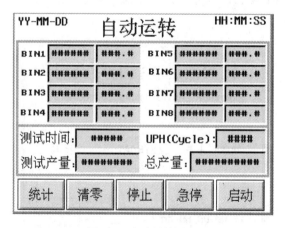

图 8-6　自动运转界面

图 8-6 中各按钮说明如下：

> 统计——作为【统计/清零】的快捷按钮。

> 清零——进行【测试合格率】、【测试产量】和【测试时间】的归零操作。（注意：为了防止误操作，执行该按钮操作后需按【确定】按钮才能生效。）

> 急停——执行该操作后，在自动运转过程中的机器会立即停止运转，此时无论气缸、电机在什么状态，机器都将进入停止状态。由于该操作在某种状态下会损坏气缸，因此不建议用户经常使用急停来停止机器运行。按急停后触摸屏界面返回到主功能界面。

> 启动——开始【自动运转】、【自动排料】或进入【演示模式】。

> 停止——执行该操作后，机器先处理完当前各气缸的动作并回到初始位置，然后机器停止运转。触摸屏界面返回到主功能界面。

> 测试时间——二次测试产量清除之间的【测试时间】总和，不包括停机时间、排料时间和演示时间。

> 测试产量——从上次清除开始计数，记录到当前的【测试产量】总和。

> UPH(Cycle)——瞬时统计每小时的测试产量，采样周期为 30s。

> 总产量——该设备自使用起，共测试的产量总和。按【清零】操作后，该数值不会归零。

> 显示【自动运转】界面同时显示各软件 BIN 的实时产量和所占比例。

8.3.3　调试模式界面

调试模式界面如图 8-7 所示。

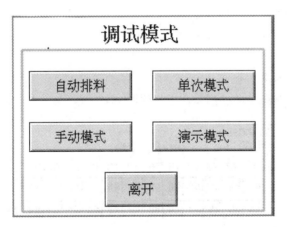

图 8-7　调试模式界面

图 8-7 中各按钮说明如下：

> 演示模式——使料轨与料槽内的 IC 不经测试就依次排到 T1—TC 收料管内（与各出料轨道设定的 BIN 关）。

> 手动模式——操作同 8.3.1。

> 自动排料——使料轨与料槽内的 IC 不经测试就直接排到收料管内（与各出料轨道设定的 BIN 无关），该模式主要用于统计机器的最高 UPH 值和整机机械部分的调试。

> 单次模式——使料轨与料槽内的 IC 进行单次循环测试，即每按"Again"一次则进

行料轨内一颗 IC 的单循环动作。

> 离开——回到主功能界面。

1. 自动排料界面

自动排料界面如图 8-8 所示。

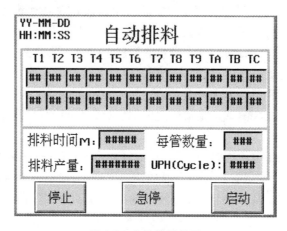

图 8-8　自动排料界面

图 8-8 中各按钮说明如下：

> 排料时间——从开始排料到结束排料的总【排料时间】，不包括停机时间。

> 排料产量——从开始排料到结束排料的总【排料产量】。

> UPH（Cycle）——排料过程中瞬时统计每小时的排料产量，采样周期为 30s。

> 启动、急停、停止——操作同 8.3.2。

> 显示【自动排料】界面同时显示各出料轨道的对应 BIN 设定和每个出料轨道的当前装料数。

2. 演示模式和单次模式界面

演示模式和单次模式界面分别见图 8-9 和图 8-10。

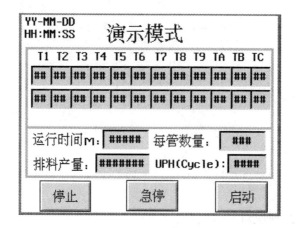

图 8-9　演示模式界面

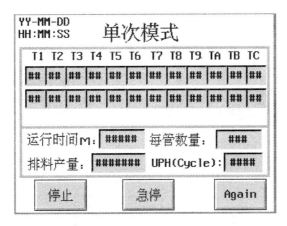

图 8-10　单次模式界面

8.3.4　手动模式界面

1. 手动界面 1

手动界面 1 如图 8-11 所示。

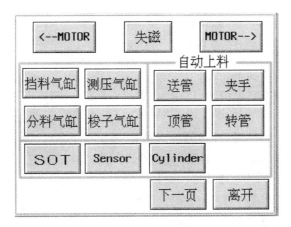

图 8-11　手动操作界面

图 8-11 中第一排按钮用于操作步进马达。各按钮说明如下：

➤ ←MOTOR——马达往左移动。

➤ MOTOR→——马达往右移动。

➤ 失磁——步进电机处于失电状态,便于异常排除和故障维修。

第二排按钮用于操作气缸。其中

C1:送管	C2:夹手
C3:顶管	C4:转管
C5:分料气缸	C6:测压气缸
C7:挡料气缸	C9:梭子气缸

其他按钮说明如下：

➢ SOT——进入联机调试界面。

➢ Sensor——进入传感器调试界面。

➢ Cylinder——进入气缸调试界面。

➢ 下一页——进入【手动界面2】。

➢ 离开——回到主功能界面。

2.手动界面2

手动界面2如图8-12所示。

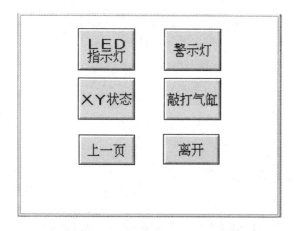

图8-12　手动操作界面

图8-12中各按钮说明如下：

➢ LED指示灯——手动检查T1—TC管满管【指示灯】是否正常，按钮按下后【指示灯】全亮。

➢ 警示灯——手动检查【警示灯】是否正常，按钮按下后红、黄、绿灯全亮。

➢ XY状态——进入【XY状态】显示界面。

➢ 敲打气缸——手动执行【敲打气缸】，按钮按下后【敲打气缸】自动动作1次后停止，敲打过程中再次按下按钮，【敲打气缸】会停止动作。

➢ 上一页——进入【手动界面1】界面。

➢ 离开——回到主功能界面。

8.3.5　参数设置界面

参数设置界面如图8-13所示。

图8-13中各按钮说明如下：

➢ 基本参数——完成待测BIN、每管数量、测试延时和步距等相关数值的设定。

➢ 高级设置——完成T1—TC管BIN号的设置；完成步进电机定位频率的设置、电机速度的选择；完成各软件BIN重复测试的选择。

➢ 屏幕设置——进行触摸屏亮度和对比度的调节，进行系统日期、时钟的调整。

➢ 步距设置——进入【步距设置】界面。

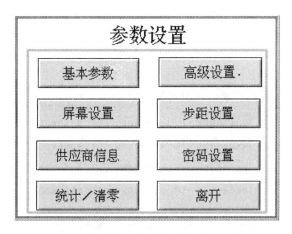

图 8-13　参数设置界面

➤ 供应商信息——进入【供应商信息】界面,此界面对用户不开放。

➤ 密码设置——进入【密码设置】界面。

➤ 统计/清零——显示各 BIN 的【测试产量】、【总产量】、【实时 UPH 值】、当前【测试合格率】、时间段内的【测试产量】和【测试时间】。同时可实现当前【测试合格率】和时间段内【测试产量】的清除操作。

➤ 离开——回到主功能界面。

1. 统计/清零界面

统计/清零界面如图 8-14 所示。

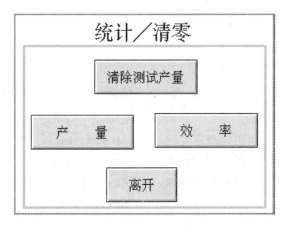

图 8-14　统计/清零界面

图 8-14 中各按钮说明如下:

➤ 产量——进入【产量】显示界面,产量显示界面包括料管产量显示界面和分 BIN 产量显示界面。

➤ 效率——进入【效率】显示界面。

➤ 清除测试产量——进行【测试合格率】、【测试产量】和【测试时间】的归零操作。(注意:为防止误操作,执行该按钮操作后需按【确定】按钮才能生效。)

> 离开——回到主功能界面。

2.料管产量显示界面

料管产量显示界面如图 8-15 所示。

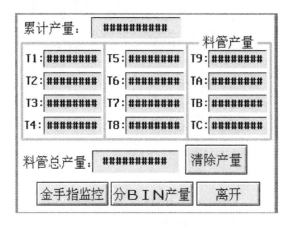

图 8-15　管料产量显示界面

图 8-15 中各按钮说明如下：

> 清除产量——操作同上页"清除测试产量"。

> 离开——回到【统计/清零】主界面。

> 显示——【产量显示】界面同时显示各对应 BIN（硬件 BIN 号）的【测试产量】、【总产量】和【累计产量】。

> 金手指监控——进入【金手指监控】界面。

> 分 BIN 产量——进入【分 BIN 产量】界面。

3.分 BIN 产量显示界面

分 BIN 产量显示界面如图 8-16 所示。

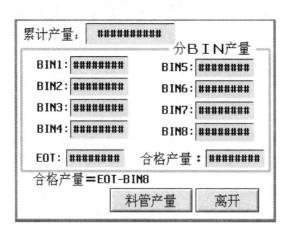

图 8-16　产量显示界面

图 8-16 中各按钮说明如下：

> 离开——回到【统计/清零】主界面。

> 显示——界面同时显示各对应 BIN(软件 BIN 号)的【测试产量】、【总产量】、【合格品产量】和【累计产量】。

> 料管产量——进入【料管产量显示】界面。

4. 效率显示界面

效率显示界面如图 8-17 所示。

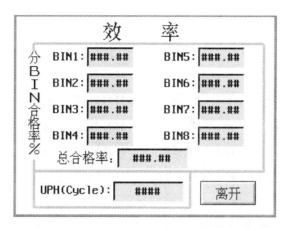

图 8-17　效率显示界面

图 8-17 中各按钮说明如下:

> 离开——回到【统计/清零】主界面。

> 显示当前瞬时【UPH 值】、总【测试合格率】和各 BIN 对应的【测试合格率】(该合格率只有在分档测试时才显示有效)。

5. 金手指监控界面

金手指监控界面如图 8-18 所示。

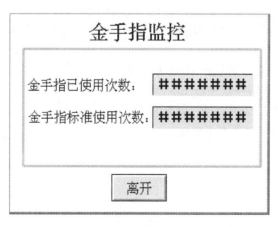

图 8-18　金手指监控界面

图 8-18 中各按钮说明如下:

> 金手指已使用次数——自动记录金手指使用次数,机器操作或运行时只要【测压气缸】动作一次则数值加一。

➤ 金手指标准使用次数——设定该型号【金手指标准使用次数】，用于判断机器在运行过程中金手指使用次数是否超标，如果【金手指已使用次数】大于或等于标准使用次数则机器报警提示。

➤ 离开——回到主功能界面。

6. 基本参数一界面

基本参数一界面如图 8-19 所示。

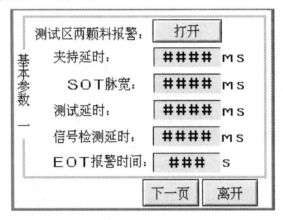

图 8-19 基本参数一界面

图 8-19 中各按钮说明如下：

➤ 测试区两颗料报警——用于检测测试区双芯片的报警。【打开】为开启测试区双芯片检测功能；【关闭】为屏蔽测试区双芯片检测的功能。

➤ 夹持延时——测试区满料光电检测开关感应到 IC 进入测试区至测压气缸动作的时间。

➤ SOT 脉宽——设置 SOT 的脉冲宽度，设置时要确保 SOT 脉宽小于单颗测试时间。

➤ 测试延时——测压气缸传感器 S5 感应到测压气缸到位至向测试机送 SOT 信号的时间。

➤ EOT 报警——等待测试机 EOT 的最长时间，机器如果在该设定的时间范围内未检测到测试机发出 EOT 信号则进行 EOT 异常的报警。

➤ 下一页——进入【基本参数二】界面。

➤ 离开——回到参数设定主界面。

7. 基本参数二界面

基本参数二界面如图 8-20 所示。

图 8-20 中各按钮说明如下：

➤ 每管数量——设定各出料管满管数量，满管时不再装入，在满管指示灯亮的情况下重新插管后则重新计数。

➤ 敲打间隔时间——设定敲打料管时气缸的动作频率（单位：0.1s；数值：0～999，其中 0 为不设置此项功能）。

➤ 敲打延时——设定敲打料管的周期，即每隔多少时间敲打一次料管（单位：0.1 s；数值：0～999，其中 0 为不设置此项功能）。

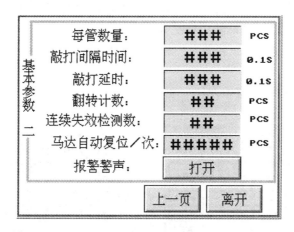

图 8-20　基本参数二界面

➤　翻转计数——设定翻转气缸翻转换管时的延时时间,即当轨道入口光电传感器检测到没料时到翻转气缸翻转动作时的时间。考虑到检测时因误触发而造成翻料的问题,翻转气缸翻转换管的条件为,轨道入口光电传感器一直为低电平(即绿灯亮)状态,同时翻转计数又等于设定值(单位:PCS;数值:1～20)。

➤　连续失效检测数——设定连续失效多少只后,机器报警(数值:0～99,其中 0 为不设置此项功能)。

➤　马达自动复位/次——设定马达自动复位的频率(单位:PSC;数值:1～5000)。

➤　报警警声——设定机器异常报警时是否开启警声。【打开】为开启警声;反之为关闭。

8.高级设置界面

高级设置界面如图 8-21 所示。

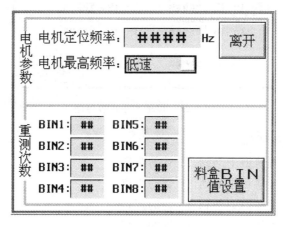

图 8-21　高级设置界面

图 8-21 中各按钮说明如下:

➤　电机定位频率——用于设置电机定位的频率,考虑到定位精度等因素,建议该值设定在 2000Hz 以下。

➤ 电机最高频率——用于选择电机运行时的速度,主要分三挡,分别是低速、中速和高速。用户可以根据自己的实际使用情况合理选择。

➤ BIN 设置——进入各出料管对应软件 BIN 的设置界面。

9. BIN 设置界面

BIN 设置界面如图 8-22 所示。

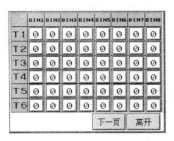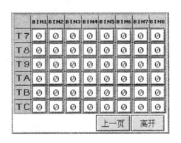

图 8-22 BIN 设置界面

软件 BIN 设置说明:各出料管可分别设置多个软件 BIN 号,其中"0"表示设置软件 BIN 号无效,"1"表示设置软件 BIN 号有效。

10. 梭子步距设置界面

梭子步距设置界面如图 8-23 所示。

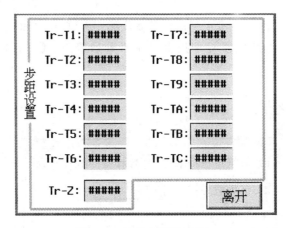

图 8-23 梭子步距设置界面

图 8-23 中各按钮说明如下:

➤ Tr-T1——设置轨道中间到 T1 管的距离。

➤ Tr-T2——设置轨道中间到 T2 管的距离。

➤ Tr-T3——设置轨道中间到 T3 管的距离。

➤ Tr-T4——设置轨道中间到 T4 管的距离。

……

➤ Tr-Z——设置梭子定位原点到轨道中间的距离。

➤ 离开——回到参数设定主界面。

步距设置原则:

（1）首先设置 Tr-Z 的距离，用于确保轨道中间的位置。由于后面的 T1、T2、T3、T4……管的位置需要以轨道中间位置为基准，因此轨道中间位置的设置是很重要的。

（2）以轨道中间位置为原点分别设置 T1—TC 管的出料位置。

（3）设置时要将梭子往中间轨道靠拢，即将步距数减小，否则将步距数增大。

（4）步进电机每移动一步（即步距数每增加一或减少一）的距离是 0.03mm。

8.3.6　故障代码说明

表 8-1 所示为故障代码说明。

表 8-1　故障代码说明

代码	错误代码描述	可能出现的原因
01	气缸起始定位异常	(2)气源异常
		(2)气缸动作异常
		(3)传感器异常
02	梭子移到左右极限	(2)梭子步距设置错误
		(2)传感器异常
03	分料区无料	(2)轨道无 IC
		(2)传感器异常
04	料卡于分料区	(2)分料气缸异常
		(2)传感器异常
05	梭子入口或出口卡料	(2)梭子出入口卡料
		(2)传感器异常
06	料卡于梭内	(2)梭子下料异常
		(2)传感器异常
07	料卡于测试区	(2)测试区下料异常
		(2)传感器 S21 异常
08	测试区料多余一颗	(1)满料检测传感器异常
09	测压异常	(2)气缸 C6 动作异常
		(2)传感器异常
10	无测试 BIN 信号	(2)测试机未给出信号或通讯线异常
		(2)EOT 信号过早或常高
11	测试 BIN 信号两个以上	(2)测试机未给出信号或通讯线异常
		(2)BIN 信号常高
12	无 EOT 信号	(2)测试机未给出信号或测试机与机械手的通讯异常
		(2)设置的 EOT 报警时间过短
13	连续失效数达到设定值	(1)测试结果连续不合格数超过设定

续表

代码	错误代码描述	可能出现的原因
14	IC 无档可分或满管	(2)当前 BIN 值的料管已满
		(2)测试机程序中的 BIN 值设定与分选机的 BIN 值设定不吻合
		(3)测试机 BIN 值发送不正确
15	上料翻转机构水平位置异常	(2)气缸 C3 动作异常(此时应处于与上料推管机构平行位置)
		(2)传感器异常
16	上料翻转机构倾斜位置异常	(2)气缸 C3 动作异常(此时应处于与下料轨道平行位置)
		(2)传感器异常
17	上料推管机构异常	(2)气缸 C1 动作异常
		(2)传感器异常
19	上料夹管异常	(2)料管夹偏
		(2)气缸 C2 动作异常
		(3)传感器异常
20	料卡于料管出口处	(2)暂存区出口下料异常
		(2)传感器异常
27	有东西挡住或穿过梭子入口或出口	(2)有东西挡住或穿过梭子入口或出口
		(2)传感器异常
29	料卡于测试区上方	(2)测试区传感器未检测到
		(2)传感器异常

8.3.7 PLC 输入、输出接点说明

表 8-2 为 PLC 输入、输出的接点说明。

表 8-2 PLC 输入、输出的接点说明

端子	对应接点说明	标签	初始状态
X0	梭子定位	S5	传感器指示灯灭
X1	右极限	S6	传感器指示灯灭
X2	BIN 板入口检测	S9	传感器指示灯绿灯亮
X3	EOT 信号	—	PLC 指示灯灭
X4	启动	—	PLC 指示灯灭
X5	自动运转	—	PLC 指示灯灭
X6	停止	—	PLC 指示灯灭
X7	急停	—	PLC 指示灯灭
X10	BIN1	—	PLC 指示灯灭

续表

端子	对应接点说明	标签	初始状态
X11	BIN2	—	PLC 指示灯灭
X12	BIN3	—	PLC 指示灯灭
X13	BIN4	—	PLC 指示灯灭
X14	BIN5	—	PLC 指示灯灭
X15	BIN6	—	PLC 指示灯灭
X16	BIN7	—	PLC 指示灯灭
X17	BIN8	—	PLC 指示灯灭
X20	T1 微动开关	T1	PLC 指示灯灭
X21	T2 微动开关	T2	PLC 指示灯灭
X22	T3 微动开关	T3	PLC 指示灯灭
X23	T4 微动开关	T4	PLC 指示灯灭
X24	T5 微动开关	T5	PLC 指示灯灭
X25	T6 微动开关	T6	PLC 指示灯灭
X26	T7 微动开关	T7	PLC 指示灯灭
X27	T8 微动开关	T8	PLC 指示灯灭
X30	T9 微动开关	T9	PLC 指示灯灭
X31	T10 微动开关	TA	PLC 指示灯灭
X32	T11 微动开关	TB	PLC 指示灯灭
X33	T12 微动开关	TC	PLC 指示灯灭
X35	自动上料推管气缸传感(推出)	S13	传感器指示灯灭
X36	自动上料夹管气缸传感(夹住)	S14	传感器指示灯亮
X37	自动上料翻转气缸传感(斜)	S11	传感器指示灯亮
X40	自动上料翻转气缸传感(水平)	S12	传感器指示灯灭
X41	自动上料槽料管检测	S1	传感器指示灯灭
X42	测试气缸传感(C)	S10	传感器指示灯灭
X43	轨道入口检测	S2	传感器指示灯绿灯亮
X50	分料区检测	S4	传感器指示灯绿灯亮
X51	测试区检测	S3	传感器指示灯绿灯亮
X52	梭子入口检测	S7	传感器指示灯绿灯亮
X53	梭子出口检测	S8	传感器指示灯绿灯亮
Y0	马达 CW(L)	—	PLC 指示灯灭
Y1	马达 CCW(R)	—	PLC 指示灯灭
Y2	测试气缸	C6	常开
Y3	挡料气缸	C7	常开

续表

端子	对应接点说明	标签	初始状态
Y6	梭子气缸	C9	常开
Y7	敲打气缸	C8	常闭
Y10	SOT	—	PLC 指示灯灭
Y11	自动上料推管气缸(原始缩回)	C1	常闭
Y12	自动上料夹管气缸(原始弹出)	C2	常开
Y13	自动上料翻转气缸(原始弹出)	C3	常开
Y14	自动上料顶管气缸(原始缩回)	C4	常开
Y15	分料气缸	C5	常开
Y17	BIN 下底板吹气	—	常闭
Y20	T1 LED	T1	PLC 指示灯灭
Y21	T2 LED	T2	PLC 指示灯灭
Y22	T3 LED	T3	PLC 指示灯灭
Y23	T4 LED	T4	PLC 指示灯灭
Y24	T5 LED	T5	PLC 指示灯灭
Y25	T6 LED	T6	PLC 指示灯灭
Y26	T7 LED	T7	PLC 指示灯灭
Y27	T8 LED	T8	PLC 指示灯灭
Y30	T9 LED	T9	PLC 指示灯灭
Y31	T10 LED	TA	PLC 指示灯灭
Y32	T11 LED	TB	PLC 指示灯灭
Y33	T12 LED	TC	PLC 指示灯灭
Y34	马达失磁	—	PLC 指示灯灭
Y35	ERROR LIGHT	—	PLC 指示灯灭
Y36	AUTO LIGHT	—	PLC 指示灯灭
Y37	YELLOW LIGHT	—	PLC 指示灯灭

8.4　电气线路说明

8.4.1　整机框图

自动分选机是机电一体化的模块化产品。它由电子控制系统和机械系统两大系统组成。其中电子控制系统由 PLC、触摸屏、马达驱动器、光电延时板及开关电源等部分组成。

图 8-24 所示为电子控制系统的基本组成框图。

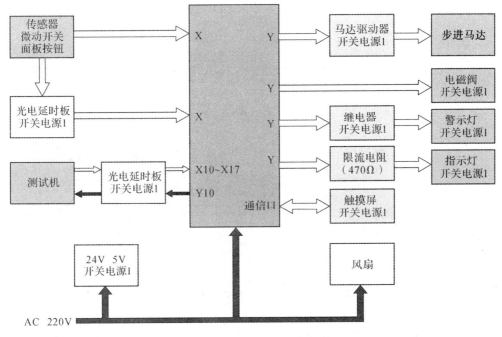

图 8-24　分选机基本组成框图

由图 8-24 可见,PLC 是整机的核心部件,它起着信号接收与发送、协调各执行机构的作用;触摸屏实现人机交换的功能,所有关于测试的信息都从此处获得;马达驱动器是将 PLC 送出的脉冲信号传送给马达,让马达能精确地定位在要求的位置上;光电延时板实现自动分选机与测试机接口信号的处理和个别传感器输出信号的延时处理;开关电源是为整机提供各种所需电源而配置的。

机械系统由电磁阀、气缸、步进马达、机械配件等部分组成。电磁阀通过 PLC 送来的信号做出相应动作,通过控制压缩空气的通断来控制气缸动作。气缸是真正的执行机构,它完成推管、夹管、翻转、挡料、测压等动作。步进马达根据马达驱动器输出的脉冲个数完成相应的走位动作。

8.4.2　整机供电线路

整机供电线路如图 8-25 所示。

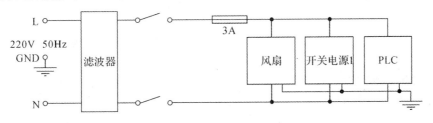

图 8-25　整机供电线路

8.4.3　光电延时板

一、联机信号部分原理框图

光电延时板是 PLC 与测试机的接口回路,它对来自测试机的信号起到延时、整形和隔离的作用,以适应 PLC 的工作要求。图 8-26 所示是光电延时板联机信号部分的组成框图。

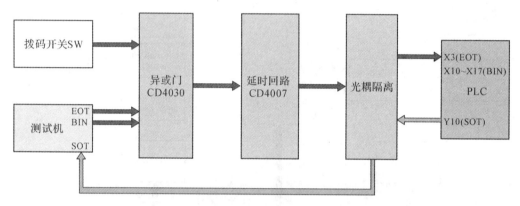

图 8-26　光电延时板联机信号部分的组成框图

从图 8-26 可见,异或门是将拨码开关设置的电平值与输入信号进行异或后输出一个数字信号(高低电平);拨码开关是用于改变 PLC 与测试机的接口控制信号是高有效还是低有效的;延时电路是将异或门输出的准数字信号进行整形、延迟变为真正的数字信号;光耦隔离是用于前后级匹配、隔离。

二、传感器信号部分原理框图

光电延时板同时又起着部分传感器输出信号与 PLC 的接口回路,它对传感器输出的信号起到延时、整形和隔离的作用,以适应 PLC 的工作要求。图 8-27 所示是光电延时板传感器信号部分的组成框图。

由于 IC 在轨道自由下落的过程中速度较快,传感器高低变化的占空比较窄,而由于 PLC 对输入信号的要求至少要有 20ms 的脉宽,因此直接从传感器输出的信号并不能有效地被 PLC 进行处理转换,所以对部分传感器的输出必须经过信号转接板才能有效被 PLC 接收。

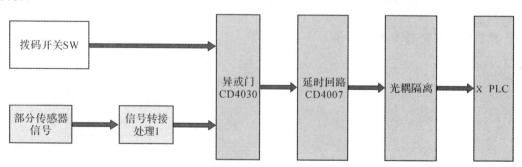

图 8-27　传感器输出信号转接示意图

需经过信号转接的接点列在表 8-3 中。

表 8-3　经过信号转接的接点

PCB 板上定义	PLC 接点	接点说明
S1	X50	分料区检测
S2	X51	测试区检测
S3	X52	梭子入口检测
S4	X53	梭子出口检测
S5	X2	BIN 板入口检测

三、光电延时板接线说明

光电延时板如图 8-28 所示。

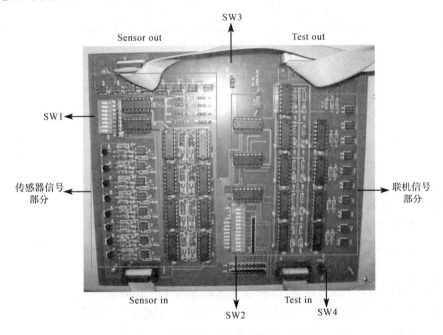

图 8-28　光电延时板

图 8-28 中：

(1)SW1 为传感器信号部分高低电平选择开关,正常使用时请全部拨到"ON"状态。

(2)SW2 为联机信号部分的高低电平选择开关,具体开关设置如表 8-4 所示。

表 8-4　拨码开关设置说明

测试机联机信号	拨码开关标识	拨码开关状态
低电平有效时	BIN1-8、EOT 、H、SOT	ON
	L	OFF
高电平有效时	BIN1-8、EOT、H、SOT	OFF
	L	ON
上升沿触发	SOT	ON 或 OFF

（3）SW3 和 SW4 为 5V 选择开关，当 T5V 为"ON"、H5V 为"OFF"时，光电延时板的 5V 电源采用测试机供电，反之采用分选机供电。用户在选择测试机供电时必须确保测试机的 5V 电源提供有效，同时在使用时切记把分选机和测试机 5V 相连，以免造成设备损坏。

8.4.4 接口信号说明

一、信号时序图

信号时序图如图 8-29 所示。

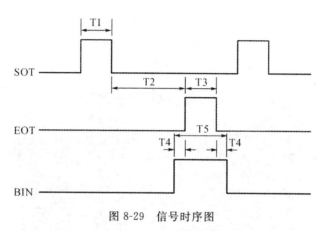

图 8-29　信号时序图

时间参数设置如下：

（1）T1 为 SOT 的脉冲宽度，该参数在分选机上设置，出厂默认值为 10ms。

（2）T2 为分选机等待 EOT 的时间，该参数同样在分选机上进行设置，范围根据测试时间而定。

（3）T3 为 EOT 信号的脉冲宽度，参数要求范围为 1～30ms。

（4）T4 为 EOT 和 BIN 信号的时间间隔，参数要求范围为 0～20ms。

（5）T5 为 BIN 信号的脉冲宽度，参数要求范围为 1～30ms。

二、接口定义图

接口定义图如图 8-30 所示，注意：未注明的管脚为空。

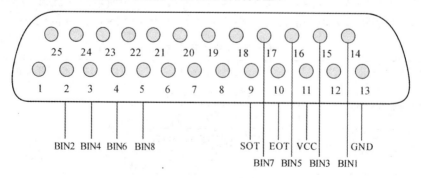

图 8-30　接口定义图

接口定义见表 8-5。

表 8-5　接口定义

管脚	定义	管脚	定义
2	BIN2	13	GND
3	BIN4	14	BIN1
4	BIN6	15	BIN3
5	BIN8	16	BIN5
9	SOT	17	BIN7
10	EOT		
11	VCC		

8.4.5　警示灯接线说明

一、警示灯接线原理图

警示灯接线原理如图 8-31 所示。

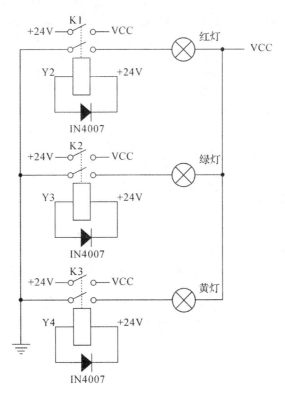

图 8-31　警示灯接线原理图

如图 8-31 所示,由于直接用 PLC 的 Y 输出端驱动警示灯容易造成 Y 端子长时间处于大电流下工作,从而造成 Y 输出端损坏,因此在实际使用时采用 Y 端子驱动外部继电器来接通警示灯。

二、警示灯接线示意图

警示灯接线示意图如图 8-32 所示。

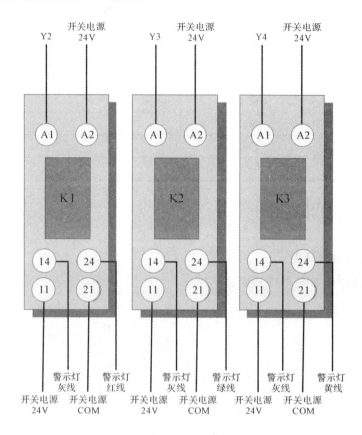

图 8-32　警示灯接线示意图

8.4.6　步进马达接线

一、步进马达接线说明

步进马达连线要由阻值决定,不同阻值的马达引线颜色是不同的,具体测量时可参考图 8-33。

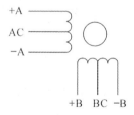

图 8-33　步进马达连线阻值测量

测量方法:先要找出每组的中心抽头,方法是分别测量两根线之间的电阻,将两两间有阻值的三根线为一组。然后再分别测量每组三根线之间的电阻,如果其中一根线与另外两根线的阻值相同则该线就为该组的中心抽头线。确定了 AC 和 BC 则＋A、－A、＋B、－B的线在每组内是可以随意连接的。

二、Q2HB68MD 马达驱动器说明

Q2HB68MD 马达驱动器为等角度恒力矩细分型驱动器,可驱动电压为 DC 24～80V、适配 6 或 8 出线、电流在 6A 以下、外径 57～86mm 的各种型号的两相混合式步进电机。

细分设定表如表 8-6 所示。

表 8-6　细分设定表

开关	状态
D0	ON
D1	ON
D2	OFF
D3	OFF
D4	ON
D5	OFF

工作电流设定界面如图 8-34 所示。

图 8-34　工作电流设定

注意:Q2HB68MD 马达驱动器出厂时工作电流调为 2.2A,用户在使用时请不要修改此参数。

三、马达驱动器接线示意图

马达驱动器接线示意图如图 8-35 所示。

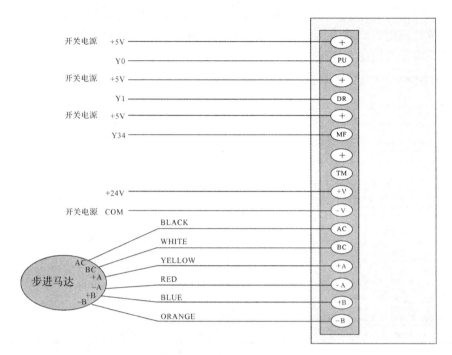

图 8-35 马达驱动器接线示意图

8.4.7 按钮开关接线说明

一、微动开关、满管指示灯接线说明

微动开关、满管指示灯接线如图 8-36 所示。

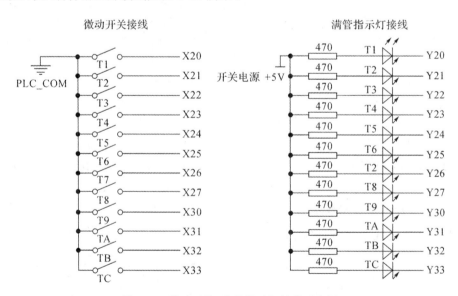

图 8-36 微动开关、满管指示灯接线示意图

二、面板按钮接线说明

面板按钮接线如图 8-37 所示。

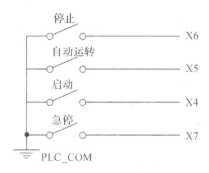

图 8-37　面板按钮接线示意图

8.4.8　触摸屏接线说明

触摸屏接线如图 8-38 所示。

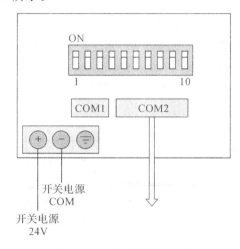

图 8-38　触摸屏接线示意图

注意:拨码开关 1—10 用于触摸屏的功能参数设置,机器出厂前已设置好,用户请不要随意更改。

拨码开关出厂设置状态如表 8-7 所示。

表 8-7　拨码开关出厂设置状态

开关	状态
SW1	OFF
SW2	OFF
SW3	ON
SW4	ON
SW5	OFF

续表

开关	状态
SW6	OFF
SW7	ON
SW8	OFF
SW9	OFF
SW10	OFF

8.4.9　气动连接系统

一、节流阀

节流阀如图 8-39 所示。

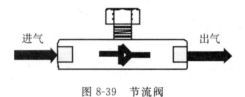

图 8-39　节流阀

注意：节流阀使用时进气、出气的对接请严格按图 8-39 所示连接。

二、电磁阀

电磁阀安装示意图如图 8-40 所示。

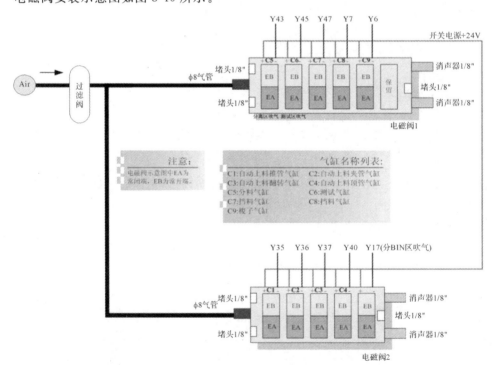

图 8-40　电磁阀安装示意图

8.5 日常维护保养说明

8.5.1 LK2150AT 分选机单颗测试流程图

LK2150AT 分选机单颗测试流程图如图 8-41 所示。

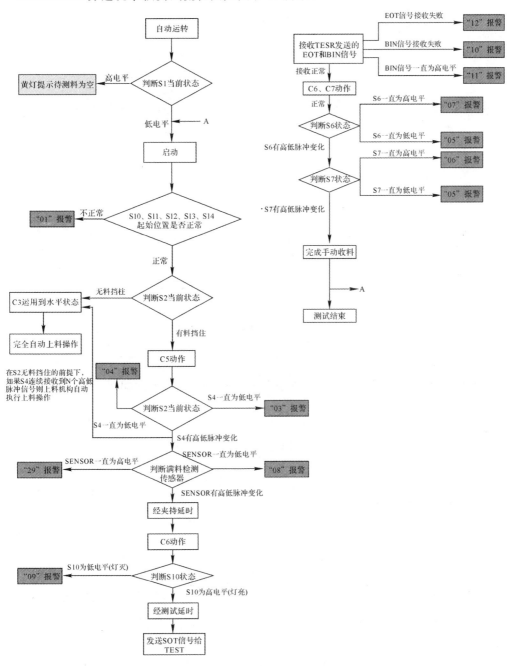

图 8-41 分选机单颗测试流程图

8.5.2 典型故障维修及机器调整

一、典型故障的维修流程图

1. "03" 故障

故障代码 03 定义为分料区无料。"03"故障的维修流程图如图 8-42 所示。

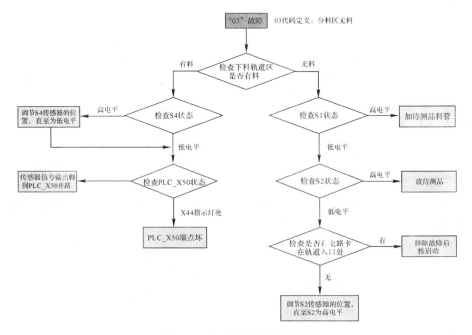

图 8-42 "03"故障维修流程图

2. "04" 故障

故障代码 04 定义为电路卡于分料区。"04"故障的维修流程图如图 8-43 所示。

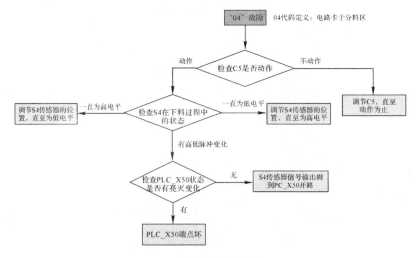

图 8-43 "04"故障维修流程图

3.**"05"故障**

故障代码 05 定义为梭子入口或出口卡料。"05"故障维修流程图如图 8-44 所示。

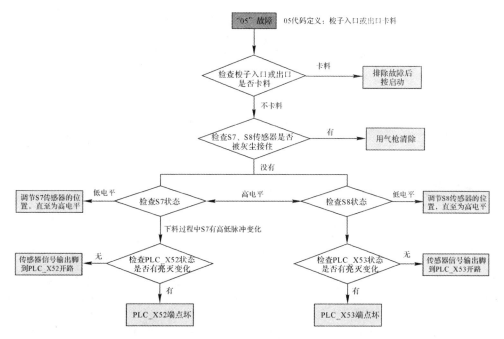

图 8-44　"05"故障的维修流程图

4.**"06"故障**

故障代码 06 定义为料卡于梭内。"06"故障的维修流程图如图 8-45 所示。

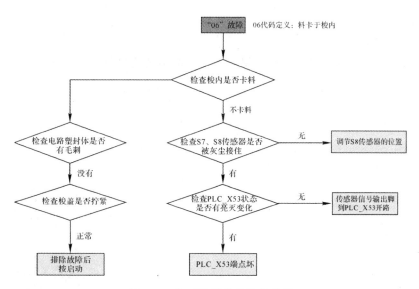

图 8-45　"06"故障的维修流程图

5.**"07"故障**

故障代码 07 定义为料卡于测试区。"07"故障的维修流程图如图 8-46 所示。

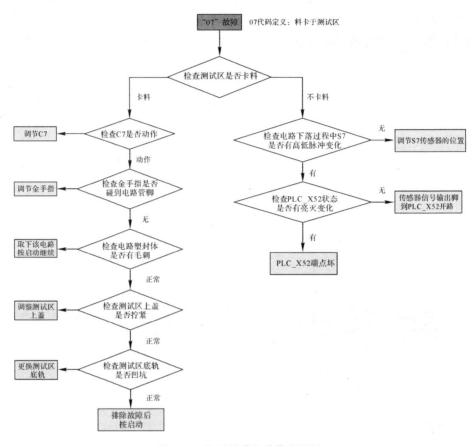

图 8-46   "07"故障的维修流程图

6."08"故障的维修流程图

故障代码 08 定义为测试区多余一颗料。"08"故障的维修流程图如图 8-47 所示。

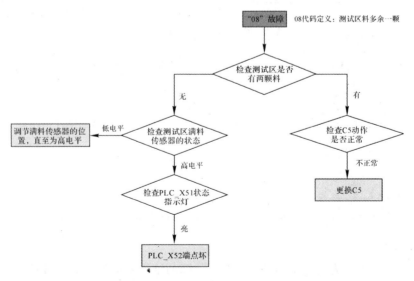

图 8-47   "08"故障的维修流程图

7. "10" 故障

故障代码 10 定义为无测试 BIN 信号。"10"故障的维修流程图如图 8-48 所示。

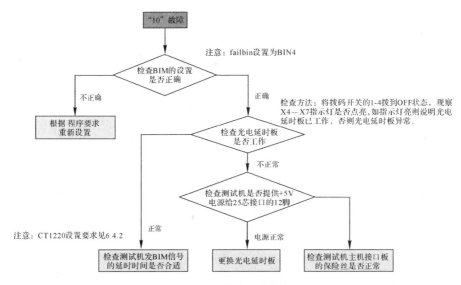

图 8-48　"10"故障的维修流程图

8. "11" 故障

故障代码 11 定义为测试 BIN 两个以上。"11"故障的维修流程图如图 8-49 所示。

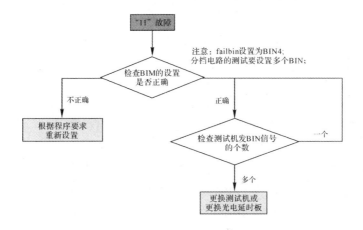

图 8-49　"11"故障的维修流程图

9. "12"故障的维修流程图

故障代码 12 定义为无 EOT 信号。"12"故障的维修流程图如图 8-50 所示。

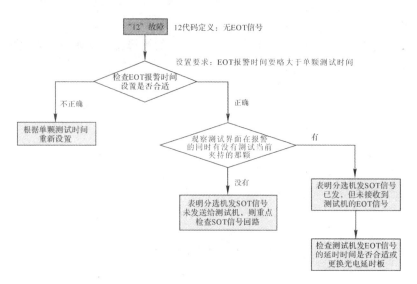

图 8-50　"12"故障的维修流程图

二、主要故障排除操作

1."自动上料机构"部分故障排除的操作步骤

(1)测试过程中出现的自动上料机构的故障通常是 C1 推管异常、C2 夹管异常、C3 翻管异常。第一步要先看清故障现象是什么异常。

(2)测试过程中发现或出现自动上料机构故障时,请先按"停止"按钮,停止机器运行。尽可能不要按"急停"按钮。

(3)在"主功能界面"菜单中按手动模式进入气缸手动操作界面。

(4)自动上料机构处气缸手动控制说明

手动上管的正常步骤:翻管(C3)—夹管(C2)—送管(C1)—顶管(C4)—夹管(C2)—顶管(C4)—翻管(C3)。

手动上管的安全禁止:

1)C3 不动作到水平位置,禁止 C1、C2 动作,防止误操作撞管;

2)C3 动作到水平位置,C2 未打开的情况下,禁止 C1 做推出动作;

3)C3 动作到水平位置,C2 打开的情况下,禁止 C1 做推回动作。

(5)在出现上料异常时,通过手动操作来排除故障,做到最大可能地不摔管、摔料。

2."梭子"部分故障排除的操作步骤

(1)测试过程中出现梭子区故障的通常是梭子入口卡料、梭子出口卡料。

(2)测试过程中发现或出现梭子区卡料故障时,请先按"停止"按钮,停止机器运行。尽可能不要按"急停"按钮。

(3)在"主功能界面"菜单中按手动模式进入气缸手动操作界面。

(4)在手动界面中选择失磁功能,使电机处于失电状态。

(5)手动移动梭子,取出被卡电路,尽可能不要把被卡电路放进手动收料管内。

3.故障"27"的排除步骤

故障代码 27 表示有东西挡住或穿过梭子入口或出口。

"27"故障与"05"故障的区别:"27"故障是在电机自动运转的过程中检测梭子入口或出口是否有料挡住。"05"故障是在自动测试过程中检测梭子入口或出口是否有料挡住。

(1)检查梭子出入口有没有料挡住,正常情况下 S21、S22 都要为低电平。在没有明显异物挡住的情况下,可用气枪吹一下传感器检测范围内的灰尘。

(2)观察电机在自动运行过程中有没有异物挡在传感器检测的区域内。

4.轨道入口传感器的位置调节

轨道入口传感器的位置调节如图 8-51 所示。

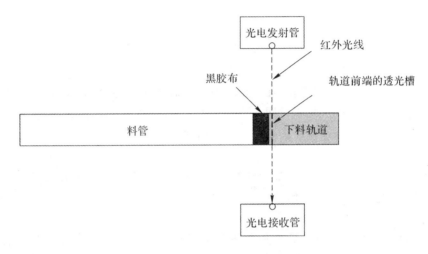

图 8-51　轨道入口传感器位置调节示意图

具体调节步骤:

(1)取一根空料管,用黑胶布把料管前端给封住,如图 8-51 所示。

(2)通过手动操作,将空料管放到正常上料位置,手动操作使料管和下料轨道之间留一空隙。

(3)调节光电发射管和光电接收管的位置,直至光电接收管绿灯点亮、红灯灭为止。

(4)慢慢移动料管并向轨道靠拢,此时观察光电接收管的状态,当光电接收管红灯刚刚点亮的一瞬间,停止对料管的移动。

(5)此时再调节光电发射管和光电接收管的位置,直至光电接收管绿灯点亮,红灯灭为止。然后再慢慢移动料管,重复上述步骤,直至当料管口完全碰到轨道侧面而指示灯仍处于绿灯点亮,红灯灭的状态。

(6)调试须知:

1)轨道入口的光电对管在调节前要请仔细观察具体的原因,在排除灰尘挡住或料管变形的情况下,才考虑调节光电传感器的位置;

2)调节时请不要同时拧松光电发射管和光电接收管的螺丝,原则上一经调好,后续调试时只要微微调节就可以的,因此在调试时请单独拧松螺丝,试着调节。

8.5.3 日常维护保养

一、设备一级保养

设备一级保养的周期为每天。

测试人员每天上班前负责机台表面的清洁,用气枪除去下料轨道、测试区等机构的灰尘。

二、设备二级保养

设备二级保养的周期为三个月。

1. 各部位螺丝检查

不论出厂时螺丝固定得多紧,在运转一段时间后都有可能松动。要检查各部位螺丝是否松动,并加以固定。内六角螺丝用手柄长端加以固定,非沉孔螺丝均用弹簧垫圈紧固。当机器有搬运时,加以检查以避免机器产生偏差而发生故障。

2. 机台的清洁

机台要保持清洁,特别在 IC 滑动的轨道中常会有微细的粉末,使用者应该要常常将这些灰尘清除,避免卡料,或是影响感测器的动作。

3. 气缸的清洁

用干净的棉棒或布清洁依附在活塞杆上的积尘,气缸杆不需要加油润滑。若气缸的杆上有比较黑的刮痕或污垢,请检查浮动接头是否固定错误或是机构偏移。

4. 润滑

任何有相对运动的机构都会有摩擦发生,所以都需要润滑,以延长机器的使用寿命,减少磨损的发生。

润滑位置:皮带轮轮轴和直线滑轨。

润滑周期:约每 3 个月,应予以注油润滑。

5. 气缸的速度调整

气缸的速度调节是使用节流阀,速度应合适,过快会造成机台的运行不稳定,过慢不利于测试效率。若机台的气缸速度过快或过慢时,请先检查过滤器上压力表指示压力是否正常,若压力正常才可调整节流阀,切勿在尚未检查压力之前就贸然调整节流阀。

6. 定位销的检查

机器下料轨道、测试区等重要部件均安装有定位销,在使用和维修过程中不要轻易取消定位销装置,应定期检查定位销的安装是否正常。

7. 气接头的检查

要定期检查机器上安装的气接头,查看气接头是否漏气或变形。检查过程中如果发现气缸进气、出气孔的四周明显有灰尘堆积,则表明气接头已存在漏气现象,需立即更换。

8.5.4 使用注意事项

(1)在开机前要检查电源线和连接测试机的 25PIN 连接线是否连好,在测试机已开启的情况下,25 芯连接线请不要带电插拔。

(2)开机后,在出现主功能选择界面之前,不要按触摸屏;在"手动"中有失磁按钮,方便对马达的操作。

(3)测试过程中遇到故障时,根据触摸屏提示做简单维修,确定修不好时应立即反馈给技术人员,并告知故障现象。

(4)测试人员在排除简单故障时,切忌对各零部件动作过大,以免破坏本身结构。

(5)电源关断后,不要立即打开电源,至少须有 10 秒的时间间隔。

(6)触摸屏为易碎品,请勿敲击,禁止使用笔、通针或其他尖锐物品触压。

(7)机器放置不用时要关断电源和空气源。

(8)机器线路部分维修时,严禁带电插拔和带电焊接。

(9)测试人员操作机器时请将手腕带插在机器表面的接地孔/内。

第9章　集成电路测试实例

9.1　遥控产品测试实现

一、测试设备

（1）LK8810 数字测试机一台；

（2）Handler 1238 机械手一台；

（3）SC6122 测试卡一张。

二、测试线路图

SC6122 成品测试原理图如图 9-1 所示。

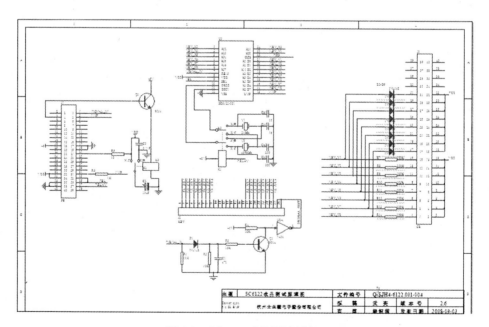

图 9-1　SC6122 成品测试原理

三、测试方法及结果

1. 静态电流、工作电流和高压载波的测试

(1) 测试条件

电源加工作电压 $V_{CC}=5.0V$；PIN4 置高，断开电源端的 $10\mu F$ 电容；闭合所有的用户码选择开关；闭合继电器 4，设置振荡频率为 2MHz；利用程控，SEL 脚通过继电器 3 接地；按键、松开按键；测量此时（停止振荡）的静态电流 SC1。

断开所有的用户码选择开关；SEL 脚通过继电器 2 接电源；通过按键使电路处于工作状态，使用测试机 PIN1 记录按键发码的头码载波个数 rst_testH，测量此时的工作电流 SC1；松开按键，在晶振停止振荡后测量此时的静态电流 SC3。

(2) 测试结果

$|SC1|<1.0\mu A$ $|SC3|<1.0\mu A$

$|SC2-700|\leqslant 500\mu A$

$|rst\_testH-690|\leqslant 30$

2. 高电压按键（单键）功能测试

(1) 测试条件

$V_{CC}=5.0V$；PIN4 置低，电源端并上 $10\mu F$ 电容；闭合 RELAY4，选择 2MHz 晶振；SEL 经过继电器 2 接电源，通过 MT8816 依次按对角线键（K1 到 K8，同时闭合对应的用户码选择开关），输出波形去载波，放大并整形，送到 51 单片机解码。

(2) 测试结果

测试结果见表 9-1。

表 9-1　高电压按键（单键）功能测试结果

按键号	解码结果
K1(1,1)	Code_data＝0x00ff；Custom_data＝0x80FF
K2(2,2)	Code_data＝0xa05f；Custom_data＝0x40FF
K3(3,3)	Code_data＝0x50af；Custom_data＝0x20FF
K4(4,4)	Code_data＝0xf00f；Custom_data＝0x10FF
K5(5,5)	Code_data＝0x0af5；Custom_data＝0x8FF
K6(6,6)	Code_data＝0xaa55；Custom_data＝0x4FF
K7(7,7)	Code_data＝0x5aa5；Custom_data＝0x2FF
K8(8,8)	Code_data＝0xfa05；Custom_data＝0x1FF

3. 双键和 SEL 选择开关测试

(1) 测试条件

$V_{CC}=5.0V$；闭合 RELAY4，选择 2MHz 晶振；SEL 脚通过继电器 3 接地，按住键 (1,6)，再依次按键 (2,6)、(3,6)、(4,6)，输出波形去载波，放大并整形，送到 51 单片机解码。

(2) 测试结果

Code_data(2,6)＝0xa956；　　Custom_data(2,6)＝0x00ff

Code_data(3,6)＝0x6996；　　Custom_data(3,6)＝0x00ff

Code_data(4,6)＝0xe916;　　Custom_data(4,6)＝0x00ff

4. 遥控芯片功能测试

(1)测试条件

V_{CC}＝2.0V;闭合 RELAY1,带上 LED 上拉负载 1kΩ;断开 RELAY4,选择 455kHz 晶振;测试此时电路不工作状态下的指示灯管脚状态 lmpV_H;按(1,1)键,用测试机的 PIN1 记录头码的载波脉冲个数 rst_testL;测试此时电路工作状态下的指示灯管脚状态 lmpV_L。

(2)测试结果

$|lmpV\_L－0.35| \leqslant 0.35$

$|lmpV\_H－2.0| \leqslant 0.3$

$|rst\_testL－690| \leqslant 30$

5. 低电压功能测试

(1)测试条件

V_{CC}＝1.8V;断开 RELAY4,选择 455kHz 晶振;接不同的二极管选择用户码类型;SEL 脚通过继电器 3 接地;按键(2,7),输出波形去载波放大并整形,测试机 CS/CMS 板记录按键后连续 3 桢连续码码宽;按键(1,7)、(6,6),输出波形去载波放大并整形,送到 51 单片机解码。

(2)测试结果

Custom_data(2,7)＝0xFF00　　Code_data(2,7)＝0x9966;

Custom_data(1,7)＝0x55AA　　Code_data(1,7)＝0x19E6;

Custom_data(6,6)＝0xFFFF　　Code_data(6,6)＝0xAB54;

pulse[5]＝{ 8992,2216,586,0 };

$|CodePulse[i]－pulse[i]| \leqslant PRE * pulse[i];$

pulse[i]$\geqslant$5000,PRE＝6%;pulse[ ]$\leqslant$1000,PRE＝10%;1000<pulse[ ]<5000,PRE＝8%。

9.2　风扇产品测试实现

一、测试设备

(1)LK8810 数字测试机;

(2)Handler 1238 机械手;

(3)SC8206 测试卡。

二、测试线路图

SC8206 成品测试原理图如图 9-2 所示。

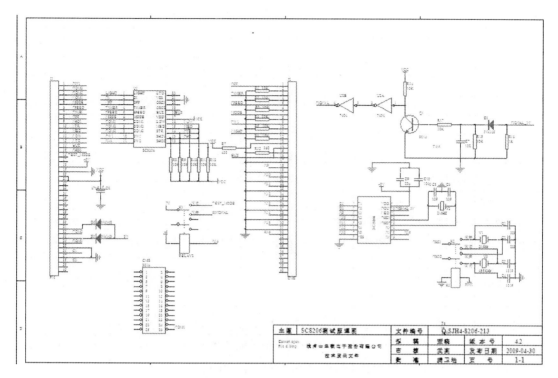

图 9-2　SC8206 成品测试原理

三、测试方法及结果

1. 静态电流和工作电流的测试

(1)测试条件

$V_{CC}=5.0V$,将测试机 PIN1 置低,选择 455kHz 晶振,测量此时的静态电流 SC1;按开机键使电路处于工作状态,测量此时的工作电流 SC2。

(2)测试结果

$|SC1-600|<300\mu A$

$|SC2-1000|<400\mu A$

2. 蜂鸣器功能测试

(1)测试条件

$V_{CC}=5.0V$,将测试机 PIN1 置低,选择 455kHZ 晶振,通过 CMS 板接负载到地,按下开关键,使电路正常工作,测量蜂鸣器的输出(BUZZ0)和关闭(BUZZ1)脉冲数;通过 CMS 板负载到 V_{CC},不按键,测试电路的输出脚电平 BUZZ_pour。

(2)测试结果

BUZZ_pour$<1.05V$;BUZZ0>50;BUZZ1$=0$。

3. 遥控定时功能测试

(1)测试条件

$V_{CC}=5.0V$,将测试机 PIN1 置高,选择 2MHz 晶振,用户码选择二极管断开(RELAY-1、RELAY-2 断开),闭合 CS/CMS 板继电器 K16,连续按遥控定时键 16 次,发射带载波信

号,经过滤波解码后送 SC8206 的管脚 DI,检测 SC8206 的工作状态;

(2)测试结果

风速＝2(中速);定时时间＝1 到 15 再到 0;风类型＝6(正常风);摆头＝0(不摆头);彩灯＝0(灭)(8206A4K、A4 不检测彩灯,若彩灯上电默认为亮则判断标准相反)。

4.遥控风类型功能测试

(1)测试条件

V_{CC}＝5.0V,将测试机 PIN1 置高,选择 2MHz 晶振,用户码选择二极管断开(RELAY-1、RELAY-2 断开),闭合 CS/CMS 板继电器 K16,连续按遥控风类型键 3 次,发射带载波信号,经过滤波解码后送 SC8206 的管脚 DI,检测 SC8206 的工作状态。

(2)测试结果

风速＝2(中速);定时时间＝0;风类型＝4(自然风),－5(睡眠风),－6(正常风);摆头＝0(不摆头);彩灯＝0(灭)(8206A4K、A4 不检测彩灯,若彩灯上电默认为亮则判断标准相反)。

5.遥控摆头功能测试

(1)测试条件

V_{CC}＝5.0V,将测试机 PIN1 置高,选择 2MHz 晶振,用户码选择二极管断开(RELAY-1、RELAY-2 断开),闭合 CS/CMS 板继电器 K16,按遥控摆头键 1 次,发射带载波信号,经过滤波解码后送 SC8206 的管脚 DI,检测 SC8206 的工作状态。

(2)测试结果

风速＝2(中速);定时时间＝0;风类型＝6(正常风);摆头＝1(摆头);彩灯＝0(灭)(8206A4K、A4 不检测彩灯,若彩灯上电默认为亮则判断标准相反)。

6.遥控彩灯功能测试

(1)测试条件

V_{CC}＝5.0V,将测试机 PIN1 置高,选择 2MHz 晶振,用户码选择二极管断开(RELAY-1、RELAY-2 断开),闭合 CS/CMS 板继电器 K16,按遥控彩灯键 1 次,发射带载波信号,经过滤波解码后送 SC8206 的管脚 DI,检测 SC8206 的工作状态。

(2)测试结果

风速＝2(中速);定时时间＝0;风类型＝6(正常风);摆头＝1(摆头);彩灯＝1(亮)(8206A4K、A4 不检测彩灯,若彩灯上电默认为亮则判断标准相反)。

7.遥控风速键功能测试

(1)测试条件

V_{CC}＝5.0V,将测试机 PIN1 置高,选择 2MHz 晶振,按风速键 1 次,分别检测电路的状态。

(2)测试结果

风速＝3(高速);定时时间＝0;风类型＝6(正常风);摆头＝1(摆头);彩灯＝1(亮)(8206A4K、A4 不检测彩灯,若彩灯上电默认为亮则判断标准相反)。

8.定时键功能测试

(1)测试条件

V_{CC}＝5.0V,将测试机 PIN1 置高,选择 2MHz 晶振,连续按定时键 16 次,分别检测电路的状态。

（2）测试结果

风速＝3（高速）；定时时间＝1 到 15 再到 0；风类型＝6（正常风）；摆头＝1（摆头）；彩灯＝1（亮）（8206A4K、A4 不检测彩灯，若彩灯上电默认为亮则判断标准相反）。

9. 风速键功能测试

（1）测试条件

V_{CC}＝5.0V，将测试机 PIN1 置高，选择 2MHz 晶振，连续按风速键 3 次，分别检测电路的状态。

（2）测试结果

风速＝1（低速），2（中速），3（高速）；定时时间＝0；风类型＝6（正常风）；摆头＝1（摆头）；彩灯＝1（亮）（8206A4K、A4 不检测彩灯，若彩灯上电默认为亮则判断标准相反）。

10. 风类型键功能测试

（1）测试条件

V_{CC}＝5.0V，将测试机 PIN1 置高，选择 2MHz 晶振，连续按风类型键 3 次，分别检测电路的状态。

（2）测试结果

风速＝3（高速）；定时时间＝0；风类型＝4（自然风，5（睡眠风），6（正常风）；摆头＝1（摆头）；彩灯＝1（亮）（8206A4K、A4 不检测彩灯，若彩灯上电默认为亮则判断标准相反）。

11. 摆头功能测试

（1）测试条件

V_{CC}＝5.0V，将测试机 PIN1 置高，选择 2MHz 晶振，连续按摆头键 4 次，分别检测电路状态。

（2）测试结果

风速＝3（高速）；定时时间＝0；风类型＝6（正常风）；摆头＝0（不摆头），1（摆头）；彩灯＝1（亮）（8206A4K、A4 不检测彩灯，若彩灯上电默认为亮则判断标准相反）。

12. 彩灯功能测试

（1）测试条件

V_{CC}＝5.0V，将测试机 PIN1 置高，选择 2MHz 晶振，连续按彩灯键 3 次，分别检测电路状态。

（2）测试结果

风速＝3（高速）；定时时间＝0；风类型＝6（正常风）；摆头＝1（摆头）；彩灯＝0（灭），1（亮），（8206A4K、A4 不检测彩灯，若彩灯上电默认为亮则判断标准相反）。

13. 待机功能测试

（1）测试条件

V_{CC}＝5.0V，将测试机 PIN1 置高，选择 2MHz 晶振，按待机键 1 次，分别检测电路状态。

（2）测试结果

风速＝0（无风速）；定时时间＝0；风类型＝0（无风类型）；摆头＝0（不摆头）；彩灯＝0（灭）（8206A4K、A4 不检测彩灯，若彩灯上电默认为亮则判断标准相反）。

14. 上电功能测试

(1)测试条件

$V_{CC}=5.0V$,将测试机 PIN1 置高,选择 2MHz 晶振,检测电路的状态。

(2)测试结果

风速＝0(无风速);定时时间＝0;风类型＝0(无风类型);摆头＝0(不摆头);彩灯＝0(灭)(8206A4K、A4 不检测彩灯,若彩灯上电默认为亮则判断标准相反).

15. 遥控开机键功能测试

(1)测试条件

$V_{CC}=5.0V$,将测试机 PIN1 置高,选择 2MHz 晶振,用户码选择二极管断开(RELAY-1、RELAY-2 断开),闭合 CS/CMS 板继电器 K16,按遥控开机键 1 次,发射带载波信号,经过滤波解码后送 SC8206 的管脚 DI,检测 SC8206 的工作状态。

(2)测试结果

风速＝1(低速);定时时间＝0;风类型＝6(正常风);摆头＝0(不摆头);彩灯＝0(灭)(8206A4K、A4 不检测彩灯,若彩灯上电默认为亮则判断标准相反)。

16. 遥控待机键功能测试

(1)测试条件

$V_{CC}=5.0V$,将测试机 PIN1 置高,选择 2MHz 晶振,用户码选择二极管断开(RELAY-1、RELAY-2 断开),闭合 CS/CMS 板继电器 K16,按遥控待机键 1 次,发射带载波信号,经过滤波解码后送 SC8206 的管脚 DI,检测 SC8206 的工作状态。

(2)测试结果

风速＝0(无风速);定时时间＝0;风类型＝0(无风类型);摆头＝0(不摆头);彩灯＝0(灭)(8206A4K、A4 不检测彩灯,若彩灯上电默认为亮则判断标准相反)。

17. 按键开机键功能测试

(1)测试条件

$V_{CC}=3.0V$,将测试机 PIN1 置高,选择 2MHz 晶振,按开机键 1 次,分别检测电路状态。

(2)测试结果

风速＝1(低速);定时时间＝0;风类型＝6(正常风);摆头＝0(不摆头);彩灯＝0(灭)(8206A4K、A4 不检测彩灯,若彩灯上电默认为亮则判断标准相反)。

18. 定时关机动作测试(6F01B 对应电路不测试定时关机动作项)

(1)测试条件

$V_{CC}=5.0V$,将测试机 PIN1 置高,选择 455KHZ 晶振,通过测试机 PIN 脚给 DI、OFF 脚灌指令,进入测试模式后,定时 4h,等待 130ms 后,检测电路状态。

(2)测试结果

进入测试模式后,COM 脚方波高电平时间 $844\pm84\mu s$,低电平时间 $280\pm28\mu s$;130ms 后,风速＝0(无风速);定时时间＝0;风类型＝0(无风类型);摆头＝0(不摆头);彩灯＝0(灭)(8206A4K、A4 不检测彩灯,若彩灯上电默认为亮则判断标准相反)。

19. 定时功能测试

(1)测试方法

定时测试功能卡接 5V 电源,按键开机,点亮风速指示灯 LED0,按键点亮定时指示灯 LED2(保证定时指示灯 LED1、LED3、LED4 熄灭),设置定时 1 小时。

(2)测试结果

1)定时后等待 8 分钟,电路定时测试结束,能自动关机(所有指示灯 LED0—LED4 全部熄灭)为合格品,不能关机(指示灯 LED0—LED4 未全部熄灭)为不合格品。

2)每测试批电路抽测 200 只,如全部检验合格,则该测试批电路为 A 档品。如有 1 颗及以上电路测试不合格,则该测试批电路为 B 档品。

四、备注

所有品种风速挡位判断标准为风速指示灯和驱动脚同时输出正确,6102H 风扇品种的摇头挡位判断标准为摇头指示灯和驱动脚同时输出正确(见表 9-2)。

表 9-2　6102H 风扇品种摇头挡位判断标准

CS 板按键	功能	附加功能
K1	关机键	9818-001 对应品种为开机键
K2	定时键	
K3	风速键	6102/6F01 对应品种为开机键
K4	风类型键	
K5	摆头键	
K6	彩灯键	
K7	BUZZ 上拉键	
K8	BUZZ 下拉键	
K9	遥控关机	9818-001 对应品种为遥控开机键
K10	遥控风速	6102/6F01 对应品种为遥控开机键
K11	遥控风类型	
K12	遥控定时	
K13	遥控摆头	
K14	/	
K15	遥控彩灯	

各种挡位判断标准如表 9-3 所示。

表 9-3　各种挡位判断标准

功能	电路或芯片	标准
风速	所有电路	PARA=1,只通过风速指示灯判别挡位;PARA=0,通过风速指示灯和驱动脚判别挡位。
摇头	6102H 对应的电路	通过摇头驱动脚和摇头指示灯判别是否摇头
摇头	除 6102H 外所有芯片对应的电路	只通过摇头驱动脚判别是否摇头

9.3 电话机产品测试实现

一、测试设备

(1)LK8810 数字测试机一台；

(2)Handler 1238 机械手一台；

(3)SC91710 系列测试模块一套。

二、测试线路图

91710A 成品测试原理图如图 9-3 所示。

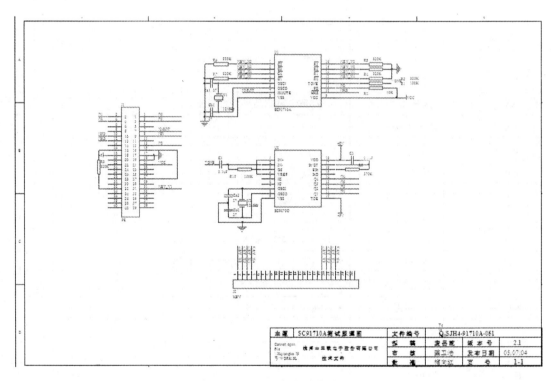

图 9-3 91710A 成品测试原理图

三、测试方法及结果

1. 电流测试

(1)2.5V 下待机电流测试

1)测试条件

用程控电源加电压 $V_{CC}=2.5$V，选择 TONE MODE，测量此时的电流 SC3。

2)测试结果

SC3 $<1\mu$A

(2)5.0V 下工作电流测试

1)测试条件

用程控电源加电压 V_{CC}＝5V,摘机,测量此时的工作电流 SC2。

2)测试结果

| SC2－390 |≤50μA

(3)5.0V 下待机电流测试

1)测试条件

用程控电源加电压 V_{CC}＝5V,挂机,测量此时的电流 SC1。

2)测试结果

SC1＜1μA

2. TONE 功能测试

(1)测试条件

用程控电源加工作电压 V_{CC}＝5V,R_1 经 820K 接地,进入音频模式。

HKS 接地,摘机。分别按下 1、5、9 键,按键间隔时间为 10ms,SC91710 发出 DTMF 信号经 SC9270 解码还原成二进制键值。HKS 接电源,挂机。

(2)测试结果

KEY1——0X1;KEY5——0X5;KEY9——0X9。

3. 闪断和静音功能测试

(1)测试条件

按闪断键,测量 PO 脚的低电平时间 J。读 XMUTE 脚状态 mute 1,按下键 0,SC91710 发出 DTMF 信号经 SC9270 解码还原成二进制键值,读 XMUTE 脚状态 mute 2,松开键 0,读 XMUTE 脚状态 mute 3。

(2)测试结果

|J－2380|＜10

mute1 为高;mute2 为低;mute3 为高。

KEY0——0Xa

4.3：2 脉冲功能测试

(1)测试条件

用程控电源加工作电压 V_{CC}＝3V,R_1 经 820K 接电源,进入断续比为 3：2 脉冲模式。HKS 接地,摘机。按 3 键,读 PO 端的脉冲状态。HKS 接电源,挂机。

(2)测试结果

键 3 的高低电平时间:|T[0]－1984|＜100;|T[1]－992|＜50;|T[2]－1984|＜100;|T[3]－992|＜50;|T[4]－1984|＜100。

5.2：1 脉冲和闪断及重拨功能测试

(1)测试条件

用程控电源加工作电压 V_{CC}＝3V,R_1 悬空,进入断续比为 2：1 脉冲模式。

HKS 接地,摘机。按 3 键,读 PO 端的脉冲状态。分别按下 1、5、9 键,按闪断键,测量 PO 脚的低电平时间。按重拨键,对 PO 端解码。HKS 接电源,挂机。

（2）测试结果

键 3 的高低电平时间：$|T[0]-992|<50$；$|T[1]-496|<25$；$|T[2]-992|<50$；
$|T[3]-496|<25$；$|T[4]-992|<50$。

PO 端低电平时间：$|J-2380|<10$。

重拨解码值：3，1，5，9。

9.4 显示产品测试实现

一、功能原理框图

SC16458 成品测试功能原理框图如图 9-4 所示。

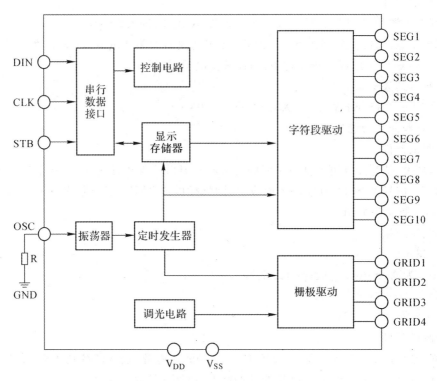

图 9-4 SC16458 成品测试功能原理框图

二、测试项目

（1）动态电流；

（2）逻辑功能；

（3）各输入输出管脚的电气参数。

三、测试设备

（1）LK8810 数字测试机；

（2）Handler 1238 机械手；

（3）SC16458 测试模块。

四、测试原理图

SC16458 成品测试原理如图 9-5 所示。

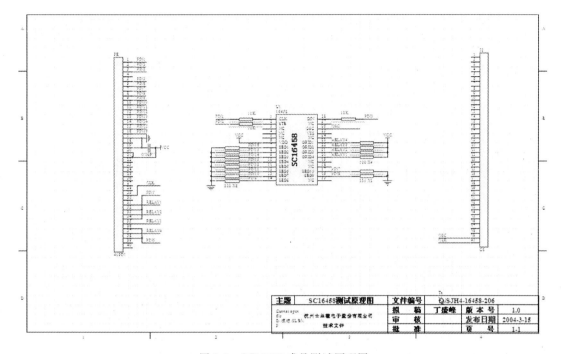

图 9-5　SC16458 成品测试原理图

五、测试方法及结果

1. 具体测试步骤

步骤（1）

$V_{dd} = 5V$，通过串行接口，发送数据设置指令 0x02H，设置为向内部显示存储器写数据，数据写入后地址递增，发送地址设置指令 0x03H，0xFFH，…，0xFFH（10 个数据），从地址 00H 开始将 RAM 数据全部置 FFH，最后发送显示控制指令 0xF1H，设置脉冲宽度为 14/16。断开继电器 1，使晶振断开，用 PIN 脚读取此时 SEG 端的电平 Pin[10] 及 GRID 端的低脉冲宽度 P1。

测试结果：Pin[10]＝1111111111B。

步骤（2）

$V_{dd} = 3V$，通过串行接口，发送数据设置指令 0x02H，设置为向内部显示存储器写数据，数据写入后地址递增，发送地址设置指令 0x03H，0xAAH，…，0xAAH（10 个数据），从地址 00H 开始将 RAM 数据置 55H，最后发送显示控制指令 0xB1H，设置脉冲宽度为 12/16。断开继电器 1，使晶振断开，用 PIN 脚读取此时 SEG 端的电平 Pin[10] 及 GRID 端的低脉冲宽度 P2。

测试结果：Pin[10]＝0101010101B

步骤（3）

$V_{dd} = 7V$，通过串行接口，发送数据设置指令 0x02H，设置为向内部显示储存器写数据，数据写入后地址递增,发送地址设置指令 0x03H,0x55H,…,0x55H(10 个数据),从地址 00H 开始将 RAM 数据置 AAH,最后发送显示控制指令 0xD1H,设置脉冲宽度为 10/16。断开继电器 1,使晶振断开,用 PIN 脚读取此时 SEG 端的电平 Pin[10]及 GRID 端的低脉冲宽度 P3。

测试结果:Pin[10]=1010101010B。

步骤(4)

V_{dd}=5V,通过串行接口,发送数据设置指令 0x02H,设置为向内部显示储存器写数据,数据写入后地址递增,发送地址设置指令 0x03H,0x00H,…,0x00H(10 个数据),从地址 00H 开始将 RAM 数据置 00H,最后发送显示控制指令 0x11H,设置脉冲宽度为 1/16。断开继电器 1,使晶振断开,用 PIN 脚读取此时 SEG 端的电平 Pin[10]及 GRID 端的低脉冲宽度 P4。

测试结果:Pin[10]=0000000000B。

步骤(5)

V_{dd}=5V,通过串行接口,发送数据设置指令 0x22H,设置为向内部显示储存器写数据,数据写入后地址不变,发送地址设置指令(0x03H,0xFFH)、(0x83H,0xFFH)、(0x63H,0xFFH)……(10 个数据),从地址 00H 开始将 RAM 数据置 FFH,最后发送显示控制指令 0xF1H,设置脉冲宽度为 14/16。断开继电器 1,使晶振断开,用 PIN 脚读取此时 SEG 端的电平 Pin[10]。

测试结果:Pin[10]=1111111111B

2.输入电平测试

(1)测试条件

串行输入接口输入电平设置规范如表 9-4 所示。

表 9-4 串行输入接口输入电平设置规范

参数	符号	测试条件	最小值	典型值	最大值	单位
高电平输入电压	VIH		$0.8V_{DD}$		5	V
低电平输入电压	VIL		0		$0.3V_{DD}$	V

测试中的电平设置如表 9-5 所示。

表 9-5 测试中的电平设置 单位:V

工作电压	VIH	VIL
3	2.4	0.9
5	4	1.5
7	5.6	2.1

3.动态电流测试

(1)测试条件

通过数据设置指令和地址设置指令,将 RAM 内数据全设为 0,并通过显示设置指令使输出关闭,测试此时的工作电流 I_{DD}。规范如表 9-5 所示。

表 9-5　动态电流测试规范

参数	符号	测试条件	最小值	典型值	最大值	单位
动态电流	IDDdyn				5	mA

(2)测试结果

$|I_{DD}-3.5|\leqslant1.5\text{mA}$

4. SEG 端的驱动能力测试

(1)测试条件

在步骤(1)时,所有 SEG 端的电平均已置高,此时 SEG 端接 330Ω 的下拉电阻,测试机拉 20mA 的电流,测量此时的输出电平 V_{out}。

(2)测试结果

$V_{\text{out}}>3\text{V}$;实测电流大于 30mA。

高电平输出电流规范如表 9-6 所示。

表 9-6　高电平输出电流规范

参数	符号	测试条件	最小值	典型值	最大值	单位
高电平输出电流	IOHSG1	$V_O=V_{DD}-1\text{V}$	-10	-14		mA
	IOHSG2	$V_O=V_{DD}-2\text{V}$	-20	-25		mA

9. GRID 端的驱动能力测试

(1)测试条件

在步骤(1)时,所有 GRID 端接 100Ω 的上拉电阻,比较逻辑低电平设置为 0.7V,用比较电平的方法判断输出是否为低。

(2)测试结果

实测低电平输出电流大于 43mA。

低电平输出电流规范如表 9-7 所示。

表 9-7　低电平输出电流规范

参数	符号	测试条件	最小值	典型值	最大值	单位
低电平输出电流	IOLGR	$V_O=0.3\text{V}$ GRID1-GRID4	100	140		mA

10. 脉冲宽度的测试

前面步骤中,测试到的脉冲宽度分别为 P_1、P_2、P、P_4,其应满足下列判断条件:

$P_{\text{tmp}}=P_2/10$;$P_{\text{tmp}}-P_4<P_{\text{tmp}}$;$P_{\text{tmp}}\times14-P_1<P_{\text{tmp}}$;$P_{\text{tmp}}\times12-P_2<P_{\text{tmp}}$

五、未测试到的项目

字符段高电平输出电流容差(ITOLSG)。

未完全测试 Grid 段的驱动能力。

9.5 电表产品测试实现

一、测试设备

(1)LK8810 数字测试机；

(2)Handler 1238 机械手；

(3)SC7755 测试模块。

二、测试线路图

SCE7755 成品测试原理图如图 9-6 所示。

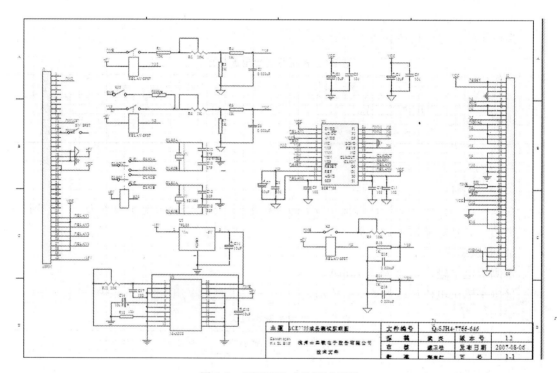

图 9-6 SCE7755 成品测试原理

三、测试方法及结果

1. 工作电流 I_{CC} 测试

(1)测试条件

利用程控电源 VP1 加 5V 的电压,闭合继电器 relay1、relay2、relay3、relay4、K1;分别使 AD/DC、SCF、G0、G1、RESET 端置"H",同时闭合继电器 K7、K8、K10,测量此时电路的工作电流 I_{CC}。

(2)测试结果

$| I_{CC} - 5.0 | < 2.1$mA

2. 正功率下 REVP 端的电压 V_{revp} 测试

(1)测量条件

利用程控电源 V_{P1} 加 5V 的电压,闭合继电器 relay1 、relay2 、relay3 、relay4 、K1;分别使 AD/DC、SCF、G0、G1、RESET 端置"H",同时闭合继电器 K4、K7、K8、K10 测量 V_{revp} 端电压。

(2)测试结果

$|V_{revp}| < 0.7V$

3. 基准电压 V_{ref} 测试

(1)测试条件

利用程控电源 V_{P1} 加 5V 的电压,闭合继电器 relay1 、relay2 、relay3 、relay4 、K1;分别使 AD/DC、SCF、G0、G1、RESET 端置"H",同时闭合继电器 K3、K7、K8、K10,测量 V_{ref} 端电压。

(2)测试结果

$|V_{ref}-2.50| < 0.2V$

4. 低电压保护测试

(1)测量条件

利用程控电源 V_{P1} 加 3.8V 的电压,闭合继电器 relay1、relay2、relay3、relay4、K1;分别使 AD/DC、SCF、G0、G1 端置"H",同时闭合继电器 K8、K7、K12,再用 PIN2 脚读取 CF 端的脉宽。

(2)测试结果

$f=0ms$

5. 最低工作电压测试

(1)测量条件

利用程控电源 V_{P1} 加 4.3V 的电压,闭合继电器 relay1、relay2、relay3、relay4;分别使 AD/DC、SCF、G0、G1 端置"H",同时闭合继电器 K1、K8、K7、K12,再用 PIN2 脚读取 CF 端的脉宽。

(2)测试结果

$10<f<180ms$

6. 大电流情况下 F1、F2 端的脉宽测试

(1)测量条件

利用程控电源 V_{P1} 加 5.5V 的电压,闭合继电器 relay1、relay2、relay3、relay4;分别使 AD/DC、SCF、G0、G1 置"H",同时闭合继电器 K1、K8、K12,读取 F1 脉宽,然后闭合继电器 K5,读取 F2 的脉宽。并测量闭合继电器 K1、K7、K8、K12 时输出脉宽 P1。

(2)测试结果

$|F1-F2| < 1.7ms$

$|(F1+F2)-P1\times32|>3ms$

7. 大电流情况下 CF 端的脉宽测试

(1)测量条件

利用程控电源 V_{P1} 加 5V 的电压,闭合继电器 relay1、relay2、relay3、relay4;分别使 AD/

DC、SCF、G0、G1 端置"H",同时闭合继电器 K1、K8、K7、K10,再用 PIN2 脚读取 CF 端的脉宽。

(2)测试结果

138ms<P2≤150ms(AX 挡)

150ms<P2<160ms(AY 挡)

160ms≤P2≤171ms(B 挡)

8.负功率下 REVP 端的电压 V_{revp} 测试

(1)测量条件

利用程控电源 V_{P1} 加 5V 的电压,闭合继电器 relay1、relay2、relay3、relay4、K1;分别使 AD/DC、SCF、G0、G1、RESET 端置"H",同时闭合继电器 K7、K8、K4、K15、K14,测量 V_{revp} 端电压和 CF 端输出脉宽。

(2)测试结果

$|V_{revp}-5.0|<1.0$ V;100ms $<W<$ 180ms

9.小电流情况下 CF 端的脉宽测试

(1)测量条件

利用程控电源 V_{P1} 加 5V 的电压,闭合继电器 relay1、relay2、relay3、relay4、K1;分别使 AD/DC、SCF、G0、G1、RESET 端置"H",同时闭合继电器 K15、K10、K9、K8、K7,闭合继电器 K16,使 16.9M 晶振工作,再用 PIN 脚读取 CF 端的脉宽 P3,P4=P3/P2。

(2)测试结果

$|P4-20.5|<7$

参考文献

[1] 朗讯科技.LK8810.产品手册.2011.

[2] Tummala Rao R. 微系统封装基础[M].黄庆安,唐洁影,译.南京:东南大学出版社,2005.

[3] 刘玉玲,檀柏梅,张楷亮.微电子技术工程材料、工艺与测试[M].北京:电子工业出版社,2004.

[4] 黄汉尧,李乃平.半导体器件工艺原理[M].上海:上海科学技术出版社,1985.

[5] 谢孟贤,刘国维.半导体工艺原理[M].北京:国防工业出版社,1980.

[6] 张亚非.半导体集成电路制造技术[M].北京:高等教育出版社,2006.

[7] 蔡永昭.大规模集成电路设计基础[M].西安:西安电子科技大学出版社,1990.

[8] 雷绍充,邵志标,梁峰.VLSI测试方法学和可测性设计[M].北京:电子工业出版社,2008.

[9] 肖国玲.微电子制造工艺技术[M].西安:西安电子科技大学出版社,2000.

[10] 金玉丰,王志平,陈兢.微系统封装技术概论[M].北京:科学出版社,2006.

[11] 孙为.微电子测试结构[M].上海:华东师范大学出版社,1984.